Taschenbuch
für
Praktische Geometrie

Von

Dr. H. Löschner
o. ö. Professor an der Deutschen Technischen Hochschule in Brünn

Mit 10 Figuren im Text

Berlin und Leipzig 1922
Vereinigung wissenschaftlicher Verleger
Walter de Gruyter & Co.
vormals G. J. Göschen'sche Verlagshandlung · J. Guttentag, Verlagsbuchhandlung · Georg Reimer · Karl J. Trübner · Veit & Comp.

Druck von Metzger & Wittig in Leipzig.

Vorwort.

„Wissen allein ist nicht der Zweck des Menschen auf Erden; das Wissen muß sich im Leben auch betätigen."

Helmholtz

Dieses Taschenbuch enthält die wichtigsten Formeln der Praktischen Geometrie, dann Konstanten und Genauigkeitsangaben, Leitsätze für die Beobachtungen und Merkregeln für die Behandlung, Beförderung und Aufbewahrung geodätischer Instrumente und Geräte. Die Ergebnisse bemerkenswerter Untersuchungen sind tunlichst berücksichtigt, eigene Erfahrungen des Verfassers kurz und bündig niedergelegt und literarische Hinweise für weiteres, tiefergehendes Studium aufgenommen, soweit es der beschränkte Raum erlaubte.

Die Ableitungen der Formeln sind als bekannt vorausgesetzt: diesbezüglich wird auf die Vorlesungen und Lehrbücher verwiesen. Das gleiche gilt von den Berichtigungen der Instrumente, die im Hinblicke auf den knapp bemessenen Umfang des Taschenbuches nicht aufgenommen werden konnten.

Die Anordnung des Stoffes ist so getroffen, daß nach einleitenden Abschnitten allgemeiner Bedeutung zunächst Auftrags- und Rechenarbeiten sowie sonstige Zimmerarbeiten, die den Gegenstand von Winterübungen an der

Hochschule bilden, behandelt werden, sodann die Feldarbeiten als Gegenstand der Sommerübungen.

Die Praktische Geometrie ist in diesem Taschenbuche hauptsächlich vom Gesichtspunkte des Bauingenieurs und Geometers behandelt, ohne daß gelegentliche Ausblicke in die Anwendungsgebiete der Geodäten, Topographen, Markscheider, Geographen, Forschungsreisenden ausgeschaltet wären. Entsprechend den erhöhten Anforderungen unserer Zeit ist auf die Erzielung wirtschaftlicher Arbeit besonderes Gewicht gelegt. Denn schon mit dem Beginne selbständiger Arbeit muß das Bestreben einsetzen, mit dem geringsten Aufwand an Zeit und Kosten die größten Leistungen zu vollbringen unter Bedachtnahme auf die jeweils erforderliche Genauigkeit, die sich in erster Linie nach dem Zwecke der Aufnahme richtet und weder zu gering, noch zu hoch eingeschätzt sein soll. Das richtige Einschätzen der unter gegebenen Verhältnissen zu erwartenden Genauigkeit und die danach zu treffende Auswahl der besten Arbeitsmethode bedingt besondere Vorsicht und Erfahrung, weil der Ingenieur seine Beobachtungen und Messungen zumeist unter allen möglichen, oft recht ungünstigen Begleitumständen zu machen gezwungen ist. Für sehr heikle Arbeiten wird allerdings jeder gewissenhafte Ingenieur durch geeignete Arbeitseinteilung besonders günstige Beobachtungsverhältnisse vorzubehalten suchen im Sinne der Worte, die Gauss an Olbers richtete:

„Man sollte nie anders als unter günstigen Umständen beobachten, wo die Luft nicht wallt, kein Wind das Instrument erschüttert, die Aufstellung ganz solide ist."

Brünn, im September 1922.

Dr. H. Löschner.

Inhaltsverzeichnis.

Einiges aus der Literatur.

Doležal, Hand- u. Lehrb. d. Nied. Geod. Wien, Seidel. **3 Bde.** (11. Aufl. 1921).

Jordan-Reinhertz-Eggert, Handb. d. Vermessgsk. Stuttgart. Metzler. **3 Bde.** I. (7. Aufl.) 1920, II. (8. Aufl.) 1914, III. (6. Aufl.) 1916.

Abendroth, Praxis des Vermessungsingenieurs. Parey. 1912.

Adamczik, Kompendium der Geodäsie. Deuticke. 2. Aufl. 1919.

Brathuhn, Markscheidekunst, 4. Aufl. Leipzig 1908.

Eggert, Einführung in die Geodäsie. Teubner. 1907.

Gauß, F. G., Die trigonometrischen und polygonometrischen Rechnungen in der Feldmeßkunst. 3. Aufl. Stuttgart 1906.

Gesetze und Vorschriften betreffend den Grundsteuerkataster und dessen Evidenzhaltung. Wien 1912.

Hammer, Lehrb. d. element. Praktischen Geometrie. Bd. I. (Feldmessen u. Nivellieren). Teubner. 1911.

Helmert, Die Ausgleichungsrechnung nach der Methode der kleinsten Quadrate. 2. Aufl. Teubner. 1907.

Hohenner, Geodäsie. Teubner. 1910.

Hugershoff u. Cranz, Grundlagen der Photogrammetrie aus Luftfahrzeugen, Wittwer 1919.

Instruktion für Polygonalvermessungen des Grundsteuerkatasters (J. f. P.). Wien 1904.

Instruktion für Meßtischaufnahmen (J. f. M.). Wien 1907.

Kalender für Verm.-wesen u. Kulturtechnik (Hrsg. Jordan, Schlebach, Müller), Wittwer. (Mit Müllers Angaben über Neuliteratur.)

Katasteranweisung VIII vom 25. Okt. 1881. Berlin. Deckers Verlag.

Katasteranweisung IX vom 25. Okt. 1881 (trigon. u. polygon. Arbeiten). Berlin. Decker.

Katasteranweisung II vom 21. Febr. 1896. Berlin. Decker.

Mintrop, Einführung in die Markscheidekunde, Springer 2. Aufl. 1916.

Näbauer, Vermessungskunde. Springer. 1922.

Pollack, V., Kurze Praktische Geometrie. Wien 1919. 2. Aufl.

Pulfrich, Über Photogrammetrie aus Luftfahrzeugen, Jena 1919.

Vogler, Geodätische Übungen. 2 Teile. 3. Aufl. Berlin 1910 und 1913.
Weitbrecht, Lehrb. der Vermessungskunde. 2 Teile. Wittwer. 1910 u. 1911.
Wellisch, Theorie u. Praxis der Ausgleichungsrechnung. Fromme. 2 Bde. Wien u. Leipzig 1909.

Sammlung Göschen:

Bd. 423. Adler, Fünfstellige Logarithmen.
„ 302 u. 641. Weitbrecht, Ausgleichungsrechnung.
„ 102. Reinhertz-Förster, Geodäsie.
„ 468 u. 469. Werkmeister, Vermessungskunde.
„ 607. Hugershoff, Kartographische Aufnahmen.
„ 699. Dock, Photogrammetrie und Stereophotogrammetrie.
„ 30. Gelcich, Sauter und Dinse, Kartenkunde.

Sammlung „Aus Natur und Geisteswelt":

Egerer, Kartenkunde. 1920.
Hegemann, Ausgleichungsrechnung. 1919.
Lüscher, Photogrammetrie. 1920.

Zeitschriften:

Zeitschr. für Vermessungswesen. Stuttgart (Z. f. V.).
Zeitschr. für Instrumentenkunde. Berlin (Z. f. I.).
Österreichische Zeitschr. für Vermessungswesen. Wien (Ö. Z. f. V.).
Schweizerische Zeitschr. für Vermessungswesen und Kulturtechnik (Schw. Z. f. V.).
Allgemeine Vermessungs-Nachrichten (A. V. N.).
Zeitschr. für Feinmechanik (Z. f. F.) (bis 1912 „Der Mechaniker").
Mitteilungen des k. u. k. Militärgeographischen Instituts, Wien (M. d. M. G. I.).

I. Maß-Systeme.

§ 1. Längenmaße.

Das Meter.

Zur Zeit der französischen Revolution (1790) wurde in Frankreich die Einführung einer neuen Längeneinheit, des Meters (griech. metron, Maß), beschlossen. Es sollte ein „Naturmaß", und zwar der zehnmillionste Teil des Erdmeridianquadranten durch Paris werden. Auf Grund der von Delambre und Méchain durchgeführten Gradmessung wurde die Länge des Meters mit 443,296 Pariser Linien der Toise du Perou bei + 13⁰ R (16,25° C) festgesetzt (mètre vrai et définitiv). Danach wurde 1799 als Urmeter (mètre prototype, Prototyp = Urbild, Urmaß) ein von Lenoir verfertigter Endmaßstab aus Platin (25 mm breit, 4 mm hoch) mit der Nominallänge bei der Temperatur 0° im Pariser Staatsarchiv hinterlegt.

Dieses Urmeter heißt mètre des archives (Archivmeter). Man fand bald, daß seine Länge nicht das gewünschte Naturmaß darstellt, behielt aber die durch den Platinstab bei 0° gegebene Längeneinheit (gegenüber dem beabsichtigten Naturmaß um 0,2 mm zu klein).

Die Unterteilungen des Meters sind mit latein. Vorsilben deci, centi, milli, die Vielfachen mit griech. Vorsilben deka, hekto, kilo bezeichnet.

Bei der 1867 in Berlin abgehaltenen Konferenz der vom preuß. General Baeyer 1861 gegründeten mitteleuropäischen Gradmessung[1] wurde die Schaffung eines neuen Meterprototyps

---

[1] 1866 zur „Europäischen Gradmessung", 1886 zur „Internationalen Erdmessung" erweitert.

angeregt. Die Vorschläge führten zu internationalen Verhandlungen und im Jahre 1875 wurde die internationale Meterkonvention gegründet, welcher Vertrag zur gemeinschaftlichen Errichtung des Internationalen Maß- und Gewichtsbureaus (Bureau international des poids et mesures) im Pavillon de Breteuil nächst Sèvres bei Paris führte. Auf der ersten Generalkonferenz dieses Internationalen Maß- und Gewichtsbureaus 1889 wurde ein neues internationales Meterprototyp aus 90% Platin und 10% Iridium angenommen. Es ist ein Strichmaß mit X-förmigem Querschnitt. Die Länge des Archivmeters ist in der neutralen Schicht aufgetragen und durch feine Querstriche begrenzt, denen zu beiden Seiten je ein Hilfsstrich beigesetzt ist. Die Meßrichtung ist durch zwei parallele Längsstriche von 0,2 mm Abstand gegeben.

Das Meter ist zu definieren als Abstand zweier Querstriche auf dem internationalen Meterprototype im Pavillon de Breteuil, gemessen in der durch Doppelstrich bezeichneten Längsrichtung bei 0° C.

Von diesem internationalen Urmaße wurden 30 Kopien in gleicher Form und aus der gleichen Legierung für die der Meterkonvention angehörigen Staaten hergestellt. Das Deutsche Reich erhielt den Stab Nr. 18, Österreich die Stäbe Nr. 15 und Nr. 19 (Nr. 15 ist feuersicher eingeschlossen, Nr. 19 dient als Manipulationsnormale ersten Ranges). Die Stäbe befinden sich im Gebäude der Reichsanstalt für Maß und Gewicht in Berlin bzw. im Gebäude der Normaleichungskommission in Wien. Das mit gotisch $\mathfrak{M}$ bezeichnete internationale Urmeter hat die Gleichung:

$$\mathfrak{M} = 1\ \mathrm{m} + (8{,}651\, t + 0{,}001\, t^2)\, \mu\,,$$

$$\text{Urmaß Nr. 15} = 1\ \mathrm{m} + 0{,}9\, \mu + (8{,}655\, t + 0{,}001\, t^2)\, \mu \pm 0{,}2\, \mu\,,$$

$$\text{Urmaß Nr. 18} = 1\ \mathrm{m} - 1{,}0\, \mu + (8{,}642\, t + 0{,}001\, t^2)\, \mu \pm 0{,}2\, \mu\,.$$

t = Temperatur in Celsius; μ (Mikron) = 0,001 mm.

Das Meter wurde gesetzlich eingeführt in Frankreich mit Gesetz vom 25. Juni 1800, in Deutschland durch Gesetz vom 17. August 1868 mit 1. Januar 1872, in Österreich-Ungarn durch Gesetz vom 23. Juli 1871 mit 1. Januar 1876.

Als neues Naturmaß (zur Sicherung des Metersystems) gilt die Wellenlänge λ des roten Lichtes im Kadmiumspektrum, reduziert auf trockene Luft bei 15° C und 760 mm Druck (erste Messungen in Breteuil 1892/93 vom amerik. Prof. Michelson, neuere Messungen 1907). Das Platin-Urmeter hat die Länge:

$$1\ \mathrm{m} = 1553164\, \lambda\,,\ \text{und}\ \lambda = 0{,}643847\, \mu\ \text{(Mikron)}.$$

Größere Maße:

1 Megameter = 1000 km; 1 Myriameter = 10 km.
1 Geographische Meile ($^1/_{15}$ Äquatorgrad) = 7,42044 km.
1 Seemeile (als mittl. Meridianminute) = 1,852 km.
1 Seemeile (als Bogenlänge einer Äquatorminute = $^1/_4$ geogr. Meile) = 1,85511 km.
1 Kabel = $^1/_{10}$ Seemeile = 185 m.
1 Faden (Nautik) = 6 Fuß, also gegen 2 m, in Hamburg 1,719 m, in Preußen 1,833 m, in Frankreich 1,642 m, in England 1,829 m.

Ältere Maße in den Nachfolgestaaten Österreichs

1 Wiener Klafter (°) = 6 Fuß = 1,896484 m.
1 Wiener Fuß (′) oder Schuh = 12 Zoll = 0,316081 m.
1 Wiener Zoll (″) = 12 Linien (‴) = 2,6340 cm.

Die Bergwerkslachter, die ursprünglich an verschiedenen Orten verschiedene Länge hatte, erhielt später gesetzlich die Länge einer Klafter. Für Vermessungszwecke wurde Klafter und Lachter dezimal unterteilt.

1 Österr. (Post-)Meile = 4000 Wiener Klafter = 7,585936 km.
1 Elle = 0,777558 m.
1 Faust (Pferdemaß) = 4 Zoll = 16 Strich = 10,5360 cm.

Ältere deutsche Maße

1 preuß. Rute = 12 Fuß = 3,766242 m.
1 preuß. (rheinländ.) Fuß = 12 Zoll = 0,313853 m.
1 preuß. Zoll = 12 Linien = 2,6154 cm.
1 preuß. Dezimalfuß = 0,376624 m.
1 preuß. Meile = 2000 Ruten = 7,53248 km.

In den anderen Ländern Deutschlands ist der Fuß kleiner, er sinkt bis 0,25 m (Hessen-Darmstadt). Die Verhältniszahlen der verschiedenen Fußmaße sind gelegentlich von Bedeutung, weil die Landesvermessung fast überall in die Zeit vor Einführung des Metersystems fällt.

Altfranzös. Maße

1 Toise = 6 Pariser Fuß = 1,9490 m.
1 m = 0,513074 Toisen.
1 Pariser Fuß = 12 Pariser Zoll = 32,48 cm.
1 Pariser Zoll = 12 Pariser Linien = 2,71 cm.
1 Pariser Linie = 2,26 mm.

Englisches Maßsystem:

1 yard = 3 feet = 0,9144 m.
1 foot = 12 inches = 30,479 cm.
1 inch (Zoll) = 2,54 cm.
1 fathom (engl. Faden für Tiefenmessungen) = 2 yards = 6 feet.
1 rod, pole oder perch (engl. Rute) = $5^{1}/_{2}$ yards.
1 surveyors chain (enthaltend 100 links) = 22 yards = 20,117 m.
1 furlong = 10 chains = 220 yards.
1 engl. Meile (statute mile) = 8 furlongs = 80 chains = 1760 yards = 1,609 km.
1 engl. Knoten = 1,853 km (entspricht einer Seemeile).

Das Urmaß des yard ist durch ein Strichmaß auf einem Bronzestab bei 62° F ($16^{2}/_{3}$° C) gegeben und wird laut Gesetz von 1878 im „Board of Trade" aufbewahrt. Je eine Kopie befindet sich in der Sternwarte Greenwich, in der Royal Society, in der Royal Mint und im Westminster Palast.

Das englische Maß bildet auch die Grundlage des nordamerikanischen und zum Teil des russischen Maßes.

Die russische Längeneinheit ist die Saschene.

1 Saschene = 3 Arschinen = 7 englische Fuß = 2,13358 m.

1 Arschine (Elle) = 28 Zoll oder 16 Werschock = 0,71 m.

Russische Fuß und Zoll sind gleich den englischen.

1 russ. Werst = 500 Saschen = 3500 Fuß = 1,06679 km.

Mit 1. Januar 1922 wurde in Rußland das metrische Maß- und Gewichtssystem für Handel und Verkehr eingeführt.

§ 2. Flächenmaße.[1]

1 a = 100 m².

1 ha = 100 a = 10000 m².

1 km² = 100 ha = 10000 a = 1000000 m².

1 geogr. Quadratmeile = 55,06293 km².

---

[1] Die vom internationalen Meterausschuß 1884 beschlossenen Abkürzungen km², m², cm² sind über Beschluß des Bundesrates vom Dezember 1911 auch im Deutschen Reiche neben den daselbst 1877 eingeführten Quadratzeichen qkm, qm, qcm in Gebrauch gekommen. Zur Trennung der Einerstellen von den Dezimalstellen dient in Deutschland das Komma, in den Nachfolgestaaten Österreichs der Punkt

Nachfolgestaaten Österreichs

1 Quadratmeile = 10000 Joch.
1 Joch = 1600 Quadratklafter = 57,54642 a.
(Im alten Katastermaßstab 1″ = 40° entspricht 1 Quadratzoll = 1 Joch.)
1 Quadratklafter (q^0) = 3,596652 m^2.
1 ha = 1,737727 Joch.
1 Strich (oder Scheffel) = $^1/_2$ Joch.
1 Metzen = $^1/_3$ Joch.
1 ha = 5,198 Metzen.
1 ungar. Joch = 1200 Quadratklafter.

Preußen

1 preuß. Quadratrute = 144 Quadratfuß = 14,184579 m^2.
1 preuß. Quadratfuß = 0,0985 m^2.
1 preuß. Morgen = 180 Quadratruten = 0,255322 ha.
1 preuß. Hufe = 30 Morgen.

engl. Maß

1 acre = 160 sq. rods = 0,404678 ha.
1 square mile = 640 acres = 2,58994 km^2.
1 sq. foot = 144 sq. inches.

§ 3. Winkelmaß: A. Gradmaß, B. Bogenmaß.

A 1. Sexagesimalteilung (a. T. = alte Teilung):
Voller Winkel (Vollkreis) = 360^0; $1^0 = 60'$; $1' = 60''$.

A 2. Zentesimalteilung (n. T. = neue Teilung):
Voller Winkel = 400^g (Neugrad); $1^g = 100^c$ (Neuminuten); $1^c = 100^{cc}$ (Neusekunden).[1]

Diese Zentesimalteilung wurde im Jahre 1919 in Frankreich gesetzlich eingeführt; die 90^0-Teilung des Quadranten ist dort nur noch nebenbei zugelassen.

Umwandlung: $9^0 = 10^g$; $1^g = 54'$; 1^c n. T. = $32{,}_4'$ a. T.; 1^{cc} n. T. = $0{,}32_4''$ a. T.

A 3. Nonagesimalteilung (Sexagesimalsystem mit dezimaler Unterteilung):
Voller Winkel = 360^0; z. B. $8{,}732^0$ mit Zehntel-, Hundertstel- und Tausendstelgraden.

---

[1] Man findet auch die Bezeichnungen: $1^g = 1^{\circ} = 100'$, $1' = 100''$

A 4. Strichteilung (Militärmaß):

Voller Winkel = 6400 Strich; Quadrant = 1600 Strich; 1 Strich = $3' 22{,}_5''$ (entsprechend dem Winkel für 1 m in 1 km Abstand).

B. Das Bogenmaß gibt die Bogenlänge für $r = 1$.

§ 4. Umwandlung von Bogen- in Gradmaß.

Zum Winkel a, ausgedrückt im Gradmaß, gehöre die Bogenlänge $\widehat{a}$, ausgedrückt in der Halbmessereinheit.

$$a' = \varrho' \cdot \widehat{a}; \qquad \varrho' = 3437{,}_{75} = \text{rd. } 3438'$$
$$a'' = \varrho'' \cdot \widehat{a}; \qquad \varrho'' = 206264{,}_8 = \text{rd. } 206265''$$

für Zentesimalteilung (n. T.):

$$a^{cc} = \varrho^{cc} \cdot \frown;$$

$$\varrho^{cc} = \frac{200 \times 100 \times 100}{\pi} = 636619{,}_{77}{}^{cc} = \text{rd. } 636620,$$

ϱ = Umwandlungszahl (Reduktionsfaktor).

II. Ausgleichsrechnung nach der Methode der kleinsten Quadrate.

§ 5. Der mittlere Fehler.

Ist w der wahre Wert, o der Beobachtungswert und Δ der „wahre Fehler“, dann ist

$$o + \Delta = w \quad \text{und} \quad \Delta = w - o\,.$$

Bei n Beobachtungen folgt der „mittlere Fehler“ m einer Beobachtung aus:

$$m^2 = \frac{[\Delta^2]}{n}$$

und bei Vorhandensein mehrerer Teilfehler $\varphi, \psi, \ldots$

$$m^2 = \frac{[\varphi^2]}{n} + \frac{[\psi^2]}{n} + \ldots = \varphi_m{}^2 + \psi_m{}^2 .$$

Das Quadrat des mittleren Fehlers im Beobachtungsergebnis ist gleich der Summe der Quadrate der mittleren Teilfehler.

§ 6. Der wahrscheinliche Fehler.

Der wahrscheinliche Fehler r ist derjenige, dessen Wahrscheinlichkeit $^1/_2$ ist. Zwischen wahrscheinl. und mittl. Fehler besteht die Beziehung:

$$r = 0{,}674 \text{ m} = \text{rund } {}^2/_3 \text{ m}.$$

§ 7. Art der Beobachtungen und Prinzip der Ausgleichung.

Wir unterscheiden: Direkte, vermittelnde und bedingte Beobachtungen.

Die Ausgleichung erfolgt allgemein so, daß

$$[g\,v\,v] = \text{Min.}$$

Hierbei ist $g = \frac{e^2}{m^2}$, wenn e = mittl. Fehler der Gewichtseinheit. Bei gleichem Gewicht der Beobachtungen ist

$$[v\,v] = \text{Min.}$$

§ 8. Mittlerer Fehler M einer Funktion u direkt beobachteter Größen.

$$u = F(o_1, o_2, \ldots o_n)$$

$$M = \sqrt{[q^2 m^2]}$$

$$= \sqrt{\left(\frac{du}{do_1}\right)^2 m_1{}^2 + \left(\frac{du}{do_2}\right)^2 m_2{}^2 + \ldots + \left(\frac{du}{do_n}\right)^2 m_n{}^2}$$

Sonderfall: $u = o_1 + o_2 + \ldots o_n$

wobei

$$m_1 = m_2 = \ldots = m_n = m$$

$$M = m\sqrt{n} \quad \text{und} \quad G = \frac{g}{n}\,.$$

§ 9. Direkte Beobachtungen.

a) Mit gleicher Genauigkeit.

Beobachtete Werte: $o_1, o_2, \ldots o_n$.

Wahrscheinlichster Wert: $x = \frac{[o]}{n}$ (arithm. Mittel).

Mittl. Fehler einer Einzelbeobachtung: $m = \sqrt{\frac{[vv]}{n-1}}$

worin $v_1 = x - o_1$; $v_2 = x - o_2$; usw.

Mittl. Fehler von x: . . . $M = \frac{m}{\sqrt{n}}$

Gewicht von x: $G = n$, wenn $g = 1$.

b) Mit ungleicher Genauigkeit.

1. Fall:

Beobachtete Werte: $o_1, o_2, \ldots o_n$,
ihre mittleren Fehler: $m_1, m_2, \ldots m_n$,
wahrscheinlichster Wert: $x = \frac{[go]}{[g]}$ (erweitertes arithm. Mittel).

$$g_1 = \frac{e^2}{m_1^2}, \quad g_2 = \frac{e^2}{m_2^2}, \ldots g_n = \frac{e^2}{m_n^2}\,.$$

e = mittl. Fehler der Gewichtseinheit, kann beliebig gewählt werden.

$$g_1 : g_2 = \frac{1}{m_1^2} : \frac{1}{m_2^2}; \ldots$$

Mittl. Fehler von x: $M = \frac{e}{\sqrt{g}}$

Gewicht von x: $G = [g]$.

2. Fall:

Beobachtete Werte: $o_1, o_2, \ldots o_n$,
ihre Gewichte: $g_1, g_2, \ldots g_n$.
Wahrscheinlichster Wert: $x = \frac{[go]}{[g]}$.

Der mittlere Fehler der Gewichtseinheit ist hier nicht beliebig groß, sondern

$$e = \sqrt{\frac{[gvv]}{n-1}}$$

Mittlerer Fehler der einzelnen Beobachtungen:

$$m_1 = \frac{e}{\sqrt{g_1}}, \quad m_2 = \frac{e}{\sqrt{g_2}}, \quad \ldots \quad m_n = \frac{e}{\sqrt{g_n}}.$$

Gewicht von x: $G = [g]$.

Mittlerer Fehler von x: $M = \frac{e}{\sqrt{[g]}}$.

§ 10. **Doppelbeobachtungen** mit gleicher Genauigkeit.

$$x = \frac{o_1 + o_2}{2}$$

$$o_1 - o_2 = d \text{ gibt } m = \pm \frac{d}{\sqrt{2}} \text{ und } M = \frac{d}{2}$$

Vereinigung zahlreicher Doppelmessungen (Einführung einer mittleren Differenz):

a) Die n Differenzen d gehören zu gleichgewichtigen Messungen (z. B. Längenmessungen oder Nivellements auf nahe gleichen Strecken):

$$m = \pm \sqrt{\frac{[d^2]}{2n}} \quad \text{und} \quad M = \tfrac{1}{2}\sqrt{\frac{[d^2]}{n}}.$$

b) Die n Differenzen d gehören zu ungleich gewichtigen Messungen:

$$\text{Mittlere Differenz } D^2 = \frac{[gd^2]}{n}.$$

Mittlerer Fehler einer Einzelmessung vom Gewichte 1:

$$m = \frac{D}{\sqrt{2}} = \sqrt{\frac{[g d^2]}{2n}} .$$

Mittlerer Fehler des Mittels aus zwei Messungen vom Gewichte 1:

$$M = \frac{1}{2} \sqrt{\frac{[g d^2]}{n}} .$$

Für Doppelbeobachtungen bei Längenmessungen und Nivellements auf verschieden langen Strecken gilt:

$$m = \mu \sqrt{s} \; ; \quad g_1 : g_2 = \frac{1}{m_1^2} : \frac{1}{m_2^2} = \frac{1}{s_1} : \frac{1}{s_2}$$

$$m = \sqrt{\frac{1}{2n}\left[\frac{d^2}{s}\right]} \; ; \quad M = \frac{1}{2}\sqrt{\frac{1}{n}\left[\frac{d^2}{s}\right]} .$$

§ 11. **Vermittelnde Beobachtungen** bei zwei Unbekannten.

a) Mit gleicher Genauigkeit.

$$u = a x + b y + a .$$

a, b und a sind Festzahlen oder beobachtbare Größen.
Zu bestimmende Größen: x und y (Anzahl $r = 2$).
Beobachtungswerte (für u): $o_1, o_2, \ldots o_n$ $(n > r)$.
(Anwendung z. B. bei der Bestimmung der Konstanten eines Fadendistanzmessers.)
Verbesserungs-(Fehler-)Gleichungen:

$$\left.\begin{aligned} v_1 &= a_1 x + b_1 y + l_1 \\ &\vdots \\ v_n &= a_n x + b_n y + l_n \end{aligned}\right\} \text{Anzahl} = n .$$

$$l_1 = a_1 - o_1 ; \; \ldots \; l_n = a_n - o_n .$$

Normalgleichungen:

$$\left.\begin{aligned} [a a]\, x + [a b]\, y + [a l] &= 0 \\ [a b]\, x + [b b]\, y + [b l] &= 0 \end{aligned}\right\} \quad \text{Anzahl } r = 2 .$$

Auflösung nach Gauss: $x = -\frac{[a l_1]}{[a a_1]}$; $y = -\frac{[b l_1]}{[b b_1]}$

$$[a l_1] = [a l] - \frac{[a b]}{[b b]}[b l]\,; \qquad [b l_1] = [b l] - \frac{[a b]}{[a a]}[a l].$$

$$[a a_1] = [a a] - \frac{[a b]}{[b b]}[a b]; \qquad [b b_1] = [b b] - \frac{[a b]}{[a a]}[a b]$$

Zweite Form der Normalgleichungen (Kontrolle):

$$\left.\begin{matrix}[a v] = 0\\ [b v] = 0\end{matrix}\right\} \text{Anzahl } r = 2\,.$$

Mittlerer Fehler einer Beobachtung $m = \sqrt{\frac{[v v]}{n - r}}$;

$(n - r)$ = Anzahl der überschüssigen Beobachtungen.

$[vv]$ wird gerechnet aus den Fehlergleichungen und aus

$$[v v] = [a l]\,x + [b l]\,y + [l l]\,.$$

Gewichtsgleichungen: Anzahl $r \times r$

$$\left\{\begin{matrix}\left.\begin{matrix}[a a] Q_{11} + [a b] Q_{12} = 1\\ [a b] Q_{11} + [b b] Q_{12} = 0\end{matrix}\right\} Q_{11} =\\ \left.\begin{matrix}[a a] Q_{21} + [a b] Q_{22} = 0\\ [a b] Q_{21} + [b b] Q_{22} = 1\end{matrix}\right\} Q_{22}\end{matrix}\right.$$

Gewichte: $g_x = [a\, a_1] = \frac{1}{Q_{11}}$

$$g_y = [b\, b_1] = \frac{1}{Q_{22}}$$

Mittlere Fehler von x und y: $m_x = \frac{m}{\sqrt{g_x}}$; $m_y = \frac{m}{\sqrt{g_y}}$

b) Mit ungleicher Genauigkeit.

Form der Funktion und der Verbesserungsgleichungen wie bei gleich genauen Beobachtungen.

Normalgleichungen:
$$\left.\begin{matrix}[g a a]\,x + [g a b]\,y + [g a l] = 0\\ [g a b]\,x + [g b b]\,y + [g b l] = 0\end{matrix}\right\}$$

Normalgleichungen in zweiter Form:

$$[g a v] = 0 \text{ und } [g b v] = 0\,.$$

Die übrigen Formeln ergeben sich aus jenen bei gleich genauen Beobachtungen durch Ersetzen von $[a a], \ldots [a a_1], \ldots$ durch $[g a a], \ldots [g a a_1], \ldots$

§ 12. Vermittelnde Beobachtungen mit drei Unbekannten mit gleicher Genauigkeit

Normalgleichungen:
$$\begin{cases} [a\,a]\,x + [a\,b]\,y + [a\,c]\,z + [a\,l] = 0, \\ [a\,b]\,x + [b\,b]\,y + [b\,c]\,z + [b\,l] = 0, \\ [a\,c]\,x + [b\,c]\,y + [c\,c]\,z + [c\,l] = 0. \end{cases}$$

Normalgleichungen in zweiter Form:
$$[a\,v] = 0; \quad [b\,v] = 0; \quad [c\,v] = 0.$$

Auflösung nach dem Gaussschen Eliminationsverfahren:
$$\left.\begin{aligned} [a\,a]\,x + [a\,b]\,y + [a\,c]\,z + [a\,l] &= 0 \\ [b\,b_1]\,y + [b\,c_1]\,z + [b\,l_1] &= 0 \\ [c\,c_2]\,z + [c\,l_2] &= 0 \end{aligned}\right\}$$

$$[b\,b_1] = [b\,b] - \frac{[a\,b]}{[a\,a]}[a\,b]; \qquad [b\,c_1] = [b\,c] - \frac{[a\,b]}{[a\,a]}[a\,c].$$

$$[c\,c_1] = [c\,c] - \frac{[a\,c]}{[a\,a]}[a\,c]; \qquad [b\,l_1] = [b\,l] - \frac{[a\,b]}{[a\,a]}[a\,l].$$

$$[c\,l_1] = [c\,l] - \frac{[a\,c]}{[a\,a]}[a\,l].$$

$$[c\,c_2] = [c\,c_1] - \frac{[b\,c_1]}{[b\,b_1]}[b\,c_1]; \qquad [c\,l_2] = c\,l_1] - \frac{[b\,c_1]}{[b\,b_1]}[b\,l_1].$$

Mittl. Fehler einer Beobachtung: $m = \pm\sqrt{\frac{[v\,v]}{n-3}}$

$[v\,v]$ folgt aus den Fehlergleichungen, dann aus
$$[v\,v] = [a\,l]\,x + [b\,l]\,y + [c\,l]\,z + [l\,l]$$
und aus $[v\,v] = [l\,l_3]$;

$$[l\,l_1] = [l\,l] - \frac{[a\,l]}{[a\,a]}[a\,l]; \qquad [l\,l_2] = [l\,l_1] - \frac{[b\,l_1]}{[b\,b_1]}[b\,l_1];$$

$$[l\,l_3] = [l\,l_2] - \frac{[c\,l_2]}{[c\,c_2]}[c\,l_2].$$

Gewichte: $g_x = \frac{1}{Q_{1.1}}; \quad g_y = \frac{1}{Q_{2.2}}; \quad g_z = \frac{1}{Q_{3.3}}.$

Mittl. Fehler: $m_x = \frac{m}{\sqrt{g_x}} = m\sqrt{Q_{1.1}}; \quad m_y = \frac{m}{\sqrt{g_y}} = m\sqrt{Q_{2.2}}.$

$$m_z = \frac{m}{\sqrt{g_z}} = m\sqrt{Q_{3.3}}.$$

Gewichtsgleichungen:

$$\left\{\begin{array}{l}
\left.\begin{array}{l}
[a\,a]\,Q_{1.1} + [a\,b]\,Q_{1.2} + [a\,c]\,Q_{1.3} - 1 = 0 \\
[a\,b]\,Q_{11} + [b\,b]\,Q_{12} + [b\,c]\,Q_{13} = 0 \\
[a\,c]\,Q_{11} + [b\,c]\,Q_{12} + [c\,c]\,Q_{13} = 0
\end{array}\right\} \text{gibt } Q_{1.1} \\
\left.\begin{array}{l}
[a\,a]\,Q_{12} + [a\,b]\,Q_{22} + [a\,c]\,Q_{23} = 0 \\
[a\,b]\,Q_{12} + [b\,b]\,Q_{22} + [b\,c]\,Q_{23} - 1 = 0 \\
[a\,c]\,Q_{12} + [b\,c]\,Q_{22} + [c\,c]\,Q_{23} = 0
\end{array}\right\} \text{gibt } Q_{2.2}\,. \\
\left.\begin{array}{l}
[a\,a]\,Q_{13} + [a\,b]\,Q_{23} + [a\,c]\,Q_{33} = 0 \\
[a\,b]\,Q_{13} + [b\,b]\,Q_{23} + [b\,c]\,Q_{33} = 0 \\
[a\,c]\,Q_{13} + [b\,c]\,Q_{23} + [c\,c]\,Q_{33} - 1 = 0
\end{array}\right\} \text{gibt } Q_{3.3}\,.
\end{array}\right.$$

Die dritte Gruppe der Gleichungen ergibt durch aufeinanderfolgende Elimination von Q_{13} und Q_{23}:

$$Q_{33} = \frac{1}{[c\,c_2]}\,; \qquad g_z = [c\,c_2]\,.$$

Unmittelbare Berechnung der Gewichte und Gewichtskoeffizienten (**Bischoff**, Z. f. V. 1891):

$$\left.\begin{array}{l}
\dfrac{g_x}{g_z} = \dfrac{[a\,a][b\,b] - [a\,b][a\,b]}{[b\,b]\,[c\,c] - [b\,c]\,[b\,c]} = \dfrac{Q_{3.3}}{Q_{1.1}} \\[2ex]
\dfrac{g_x}{g_y} = \dfrac{[a\,a][c\,c] - [a\,c][a\,c]}{[b\,b]\,[c\,c] - [b\,c]\,[b\,c]} = \dfrac{Q_{2.2}}{Q_{1.1}} \\[2ex]
\dfrac{g_z}{g_y} = \dfrac{[a\,a][c\,c] - [a\,c][a\,c]}{[a\,a]\,[b\,b] - [a\,b]\,[a\,b]} = \dfrac{Q_{2.2}}{Q_{3.3}}
\end{array}\right\}$$

§ 13. Bedingte Beobachtungen.

Bedingungsgleichungen:

$$\left.\begin{array}{l}
a_0 + a_1\,x_1 + a_2\,x_2 + \ldots + a_n\,x_n = 0 \\
\vdots \\
r_0 + r_1\,x_1 + r_2\,x_2 + \ldots + r_n\,x_n = 0
\end{array}\right\} \text{Anzahl} = r\,.$$

Unbekannt: $x_1 = o_1 + v_1\,;\ \ldots\ x_n = o_n + v_n\,.$

Anzahl der Unbekannten (oder Beobachtungen) $= n$;

Anzahl der überschüssigen Beobachtungen = Anzahl der Bedingungsgleichungen $= r$; $n > r$.

Widerspruchsgleichungen:

$$\left.\begin{array}{l}
a_0 + a_1\,o_1 + a_2\,o_2 + \ldots + a_n\,o_n = l_1 \\
\vdots \\
r_0 + r_1\,o_1 + r_2\,o_2 + \ldots + r_n\,o_n = l_r
\end{array}\right\} \text{Anzahl} = r\,.$$

Verbesserungsgleichungen:

$$\left.\begin{array}{l} a_1 v_1 + a_2 v_2 + \ldots + a_n v_n + l_1 = 0 \\ \vdots \\ r_1 v_1 + r_2 v_2 + \ldots + r_n v_n + l_r = 0 \end{array}\right\} \text{Anzahl} = r\,.$$

Die bisherigen Gleichungen gelten allgemein für Beobachtungen mit gleicher oder ungleicher Genauigkeit.

a) Zurückführen auf vermittelnde Beobachtungen.

Man wählt aus den r Verbesserungsgleichungen $(n - r)$ unabhängige Verbesserungen als $x, y, \ldots$ und drückt durch diese die übrigen Verbesserungen aus. Es entstehen n Fehlergleichungen von der Form der vermittelnden Beobachtungen. Die Unbekannten $x, y, \ldots$ werden dann aus den $(n - r)$ Normalgleichungen gerechnet.

b) Korrelatenmethode.

Normalgleichungen:

$$\left\{\begin{array}{l} \left[\frac{a a}{g}\right] k_1 + \left[\frac{a b}{g}\right] k_2 + \ldots + \left[\frac{a r}{g}\right] k_r + l_1 = 0 \\ \vdots \\ \left[\frac{a r}{g}\right] k_1 + \left[\frac{b r}{g}\right] k_2 + \ldots + \left[\frac{r r}{g}\right] k_r + l_r = 0 \end{array}\right\} \text{Anzahl} = r$$

Korrelatengleichungen:

$$\left\{\begin{array}{l} g_1 v_1 = a_1 k_1 + b_1 k_2 + \ldots + r_1 k_r \\ \vdots \\ g_n v_n = a_n k_1 + b_n k_2 + \ldots + r_n k_r \end{array}\right\} \text{Anzahl} = n\,.$$

Man verwendet Methode a oder b, je nachdem $(n - r) \lesseqgtr r$ ist.

Mittlerer Fehler der Gewichtseinheit: $m = \sqrt{\frac{[g v v]}{r}}$.

Bei gleich genauen Beobachtungen ist der mittlere Fehler einer Beobachtung: $m = \sqrt{\frac{[v v]}{r}}$.

$[g v v]$ folgt aus den Korrelatengleichungen und zur Kontrolle aus:

$$[g v v] = -[k l] .$$

(Bei gleich genauen Beobachtungen entfallen in den Formeln die g.)

III. Gestalt und Größe der Erde.

§ 14. **Festzahlen für das Erdellipsoid** (s. Tabelle S. 16).

Die Besselschen Zahlen fußen auf zehn älteren Breitengradmessungen. Gegenwärtig stehen für die Ableitung der Erddimensionen nicht nur Breiten- und Längengradmessungen, sondern auch Tausende relativer Schweremessungen zur Verfügung. Helmert hat 1901 aus den damals vorhandenen einigen hundert Pendelmessungen die Abplattungsreziproke $\frac{1}{\alpha} = a = 298,3$ (I) und 1913 aus sechs Breiten- und Längengradmessungen in Europa, Asien und Afrika die große Halbachse mit $a = 6378192$ m (I) berechnet. Hayford hat aus den nordamerikanischen Messungen fünf Ellipsoide abgeleitet, zunächst das in der Tabelle angegebene mit dem Umkehrwert der Abplattung $a = 296,96$. Dieses Ellipsoid ist von der Astron. Konferenz Paris 1911 angenommen worden. Die späteren Hayfordschen Ellipsoide geben im Durchschnitt $a = 6378417$ (II) und $a = 296,76$ (II). Wellisch (Astr. Nachr. Nr. 4822) nimmt aus (I) und (II) unter Berücksichtigung der von Helmert nach praktischen Erwägungen eingesetzten Gewichtszahlen 1 und 4 das Mittel und erhält a als ganze Zahl. Wird $a = 297,07$ auf 297 abgerundet, so folgt auch b als ganze Zahl.

Der Meridianquadrant

$$Q = \tfrac{1}{2} a \pi \left(1 - \tfrac{1}{2} \alpha + \tfrac{1}{16} \alpha^2\right) = 10002263{,}_{20} \text{ m}$$

ist um rund 1,4 km größer als nach Bessel.

(Die mittl. Fehler geben natürlich nur ungefähr die „absoluten“ Unsicherheiten, vielmehr einen Ausdruck für die „innere Übereinstimmung“ mit Bezug auf die der Ausgleichung zugrunde gelegten Messungen.)

Die Oberfläche des Erdkörpers für die Konstanten Wellisch' ließ ich nach den Formeln:

	nach Bessel 1841	nach Helmert a 1913 α 1901	nach Hayford, Astron. Konf. Paris 1911	nach Wellisch 1915 Helmert-Hayford
Große Halbachse a . . .	6377397,155 m	6378192 m	6378388 ± 53 m	6378372 m
Kleine Halbachse b . . .	6356078,963 m		6356909 ± 108 m	6356896 m
Abplattung $\alpha = \frac{a-b}{a}$.	$\frac{1}{299{,}15 \pm 4{,}67}$	$\frac{1}{298{,}3 \pm 1{,}1}$	$\frac{1}{296{,}96 \pm 1{,}2}$	$\frac{1}{297}$
numer. Exzentriz.				
$e^2 = \frac{a^2-b^2}{a^2}$	0,0066743722			0,0067226700
$e_1^2 = \frac{a^2-b^2}{b^2}$	0,00671922			0,00676817
Meridianquadrant Q . . .	10000856 ± 498 m		10002286 ± 117 m	10002263 m
ein mittl. Meridiangrad	111,121 km			111,136 km
eine mittl. Meridianmin.	1852 m			1852 m
eine mittl. Meridiansek.	30,9 m			30,9 m
Oberfläche der Erde . .	509950714 km² (rd. 510 Mill. km²)		510100800 ± 10500 km²	510098374,7 km²
Volumen $\frac{4}{3} a^2 b \pi$	1082841322489 km³ (rd. 1 Billion km³)			1083311628219 km³

$$O = 4\,a^2\pi\left(1 - \frac{e^2}{3} - \frac{e^4}{15} - \frac{e^6}{35} - \frac{e^8}{63}\right)$$

und

$$O = 4\,b^2\pi\left(1 + \frac{2}{3}\,e^2 + \frac{3}{5}\,e^4 + \frac{4}{7}\,e^6 + \frac{5}{9}\,e^8\right)$$

auf 0,1 km² übereinstimmend berechnen. Die Unsicherheit in der Oberflächenbestimmung (± 10500 km²) entspricht ungefähr der halben Fläche von Mähren (22222 km²).

§ 15. Schwerkraft und Länge des Sekundenpendels.

Für ein mathematisches Pendel mit der Länge l und der Schwingungsdauer t gilt, wenn g = (beobachtete, wirkliche) Beschleunigung der Schwerkraft pro Sekunde ist:

$$t = \pi\sqrt{\frac{l}{g}} \quad \text{oder} \quad g = \pi^2\,\frac{l}{t^2}\,.$$

Für $t = 1^s$ folgt $g = \pi^2 L$.

L = Länge des mathematischen Sekundenpendels. Die Aufgabe der Bestimmung der Schwerkraft ist also zurückgeführt auf die Bestimmung der Länge des mathematischen Sekundenpendels.

Der Verlauf der normalen (theoretischen) Schwerebeschleunigung im Meeresniveau (γ_0) ist darstellbar durch die Gleichung:

$$\gamma_0 = \gamma_a\,(1 + B\sin^2\varphi); \qquad B = \frac{\gamma_p - \gamma_a}{\gamma_a}$$

γ_a = theoretische Schwerebeschleunigung am Äquator, γ_p am Pol, φ = geogr. Breite. Helmert fand 1884 aus älteren Messungen:

$$\gamma_0 = 9{,}780\,\{1 + 0{,}005310\,\sin^2\varphi\}\ \mathrm{m/sec^2}\,.$$

Unter Zugrundelegung des von Oppolzer (Wien) gefundenen absoluten Wertes der Schwerebeschleunigung und mit Verwertung der nach Erfindung des Sterneckschen Pendelapparates (1881) in großer Anzahl durchgeführten relativen Schweremessungen entstand die Helmertsche Formel vom Jahre 1901, gültig für die Meeresoberfläche:

$$\gamma_0 = 9{,}78046\,\{1 + 0{,}005302 \sin^2\varphi - 0{,}000007 \sin^2 2\varphi\}\,.$$

(Mit Bezug auf das Potsdamer System ergab sich dann der Koeffizient 9,78030.)

Die von Helmert 1915 (Sitzungsber. Akad. Wiss. Berlin, S. 676ff.) aufgestellte neue Formel für die Beschleunigung der Schwerkraft im Meeresniveau lautet:

$$\gamma_0 = 9{,}78052\,\{1 + 0{,}005285 \sin^2\varphi - 0{,}000007 \sin^2 2\varphi + 0{,}000018 \cos^2\varphi \cos 2(\lambda + 17^0)\}$$

Die Länge L des mathematischen Sekundenpendels im Meeresniveau ist hiernach:

$$L_0 = 0{,}990977\,\{\text{Klammerausdruck wie bei } \gamma_0\}\ \text{Meter}\,.$$

Das im Klammerausdruck enthaltene gewöhnlich vernachlässigbare Glied mit der geographischen Länge λ (von Greenwich gegen Osten durchlaufend gezählt) ging mit einer mittleren Unsicherheit von vier Einheiten der letzten Dezimalstelle aus der Ausgleichung hervor. Es erscheint somit die Abhängigkeit der normalen Schwerkraft von der geographischen Länge ziemlich gesichert. Danach hat der Äquator annähernd die Gestalt einer Ellipse mit der großen Halbachse $a_1 = a_0 + 115$ m in Richtung 17° westl. Gr. (Westküste Afrikas) und der kleinen Halbachse $a_2 = a - 115$ m in Richtung 73° östl. Gr. (Vorderindien). Die Abplattung des Äquators ist im Vergleich zu jener der Meridiane sehr schwach und es ist noch fraglich, ob die mathematische Gestalt der Erdoberfläche (das Geoid) in besserer Annäherung durch ein dreiachsiges Ellipsoid oder durch das Rotationsellipsoid dargestellt werde. Aus Helmerts neuer Normalschwereformel folgt auch, daß die Nordpolhalbachse des Geoids ($b_N = b_0 - 65$ m) etwas kürzer ist als die Südpolhalbachse ($b_S = b_0 + 65$ m). Die durchschnittliche Abplattungsreziproke der Meridiane ergab sich mit

$$\alpha = 296{,}7 \pm 0{,}6\,.$$

Helmerts Formel vom Jahre 1915 liefert bei Vernachlässigung des Gliedes mit λ nachfolgende Tabelle, gültig für Meeresniveau.

φ	γ_0	L_0
0	$9{,}7805_2$ m/sec²	0,99098 m
45	$9{,}8063_0$	0,99359
50	$9{,}8107_9$	0,99406
55	$9{,}8151_4$	0,99448
90	$9{,}8322_1$	0,99621

Für Meereshöhe H erfährt die Beschleunigung der Schwere eine Abnahme um $\frac{2H}{R}\cdot\gamma_0$ (nach Helmert 0,000003086 H) und die Länge des mathematischen Sekundenpendels eine Abnahme um $\frac{2H}{R}\cdot L$; (R = Erdradius).

Die Erforschung der Erdschwere fördert die Erforschung der Erdfigur und ermöglicht die letzte Verfeinerung der Präzisionsnivellements (orthometrische Korrektion). Das Studium der Schwerkraftänderungen (aus Linien gleicher Schwere) wird in der Geophysik verwertet, z. B. beim Aufsuchen von Erdölquellen (Verwendung der Drehwage).

§ 16. **Das Geoid.**

Carl Friedr. Gauss erklärt (1828) die den astronomisch-geodätischen Arbeiten zugrunde zu legende mathematische Gestalt der Erdoberfläche als „diejenige Fläche, welche überall die Richtung der Schwere senkrecht schneidet, und von der die Oberfläche des Weltmeeres einen Teil ausmacht“. Es besteht kein Hindernis, „die Erde im ganzen als ein elliptisches Revolutionssphäroid[1] zu betrachten, von dem die wirkliche (geometrische) Ober-

[1] Börsch und andere unterscheiden zwischen Ellipsoid als einem durch Rotation einer Ellipse um die große Achse entstandenen Körper, und einem Sphäroid als einem durch Umdrehung einer Ellipse um die kleine Achse entstandenen (kugelähnlichen) Körper. Der Erdkörper wird aber oft auch als abgeplattetes Rotationsellipsoid bezeichnet.

fläche überall bald in stärkeren, bald in schwächeren, bald in kürzeren, bald in längeren Undulationen abweicht".

Nach Friedr. Wilh. Bessel (1837 und 1838) ist die mathematische „Figur der Erde" jene Fläche, welche den in vollkommener Ruhe gedachten Meeresspiegel, sowie den Wasserspiegel eines mit dem Meere zusammenhängenden, das Festland bedeckenden Kanalnetzes enthalten würde.

Die Bezeichnung „Geoid" für die mathematische Form der Erdoberfläche hat Listing (Göttingen 1873) eingeführt.

Auf einen innerhalb oder außerhalb der Erde befindlichen materiellen Punkt P von der Masse 1 wirkt zunächst die Anziehungskraft aller Massenelemente der Erde. Die Gesamtwirkung der Massenanziehung $\left(V = \int \frac{dm}{r}\right)$ heißt das Potential des Erdkörpers. Außerdem wirkt die Fliehkraft ein, abhängig vom senkrechten Abstand ϱ des Punktes P von der Erdachse und von der Winkelgeschwindigkeit ω. Der Gesamteinfluß der Schwungkraft heißt das Schwungkraftpotential.

Das kombinierte Potential aus Massenanziehung und Schwungkraft bildet die „Kräftefunktion der Erde" (d. i. eine Funktion der auf die Erdpunkte wirkenden Kräfte), auch das „Potential der Schwerkraft" genannt.

Der geometrische Ort der Punkte mit gleicher Kräftefunktion gibt eine „Niveaufläche". (Es ist eine stetig gekrümmte Fläche, deren Elemente normal zur Lotrichtung stehen.) Ihre Gleichung ist:

$$\text{Potentialwert } W = \text{const.}$$

Niveauflächen von verschiedenen Werten W umschließen sich schalenförmig, wobei die Werte W nach außen abnehmen. Die orthogonalen Trajektorien der Niveauflächen oder die sog. Kraftlinien verlaufen so, daß ihre Tangente in jedem Punkte in die Richtung der Schwere fällt.

Im Sinne der Gauss-Besselschen Definition ist die mathematische Gestalt der Erdoberfläche eine von diesen Niveauflächen, und zwar jene, welche die Meeresspiegel enthält. Das Meer ist in Ruhe gedacht, überall unter gleichem Luftdruck und befreit vom Einfluß der Anziehung von Sonne und Mond (Ebbe und Flut) und vom Einfluß der Strömungen und des Windes. Die Gauss-Besselsche Definition nimmt an, daß die Oberflächen aller Meere einer einzigen Niveaufläche angehören.[1]

Eine neue Richtlinie ist durch Bruhns 1878 gegeben worden, der erklärt, daß die Aufgabe der wissenschaftlichen Geodäsie nicht in der Bestimmung einer einzigen, als mathematische Figur der Erde gekennzeichneten Niveaufläche bestehe, sondern in der Bestimmung des Verlaufes aller Niveauflächen, also in der Ermittlung der Kräftefunktion W. Das Gauss-Besselsche Meeresspiegelgeoid kann als Null- oder Grundfläche betrachtet werden. Die aus den einzelnen isolierten Gradmessungen abgeleiteten Geoide werden im allgemeinen nicht identisch sein.

Die Geoide sind stetige geschlossene Gleichgewichtsflächen von unregelmäßiger Gestaltung; sie zeigen im Vergleich zu einem Sphäroid Ein- und Ausbiegungen.

Als erste Näherung für die Geoidflächen (Kräftefunktion $W =$ const.) setzt man vereinfachte Funktionsflächen ($U =$ const.) und bezeichnet diese als Erdsphäroide.

---

[1] Die Mittelwasserstände der Europa umgebenden Meere scheinen — wie aus dem Ergebnis der Verbindungsnivellements hervorgeht, in Niveauflächen mit wenigen Dezimeter Höhenunterschied zu liegen.

In bezug auf Normalnull (Nullpunkt des Amsterdamer Pegels) liegt die Ostsee (Mittelwasser) bei Memel + 0,242 m, bei Eckernförde - 0,344; die Nordsee bei Wilhelmshaven - 0,420; der Kanal bei Boulogne + 0,116; das Mittelländische Meer bei Marseille - 0,720; das Adriatische Meer - 0,800; das Schwarze Meer - 1,050; der Stille Ozean + 1,000.

Es sind streng genommen keine Ellipsoide, sondern Flächen höherer Ordnung, die vom Ellipsoid wenig abweichen.

Das Niveau- oder Normalsphäroid enthält die Punkte mit der normalen (theoretischen) Schwerkraft γ. Während die beobachtete, auf den Meereshorizont reduzierte Schwerkraft dem Meeresspiegelgeoid angehört, bezieht sich die theoretische Schwerkraft auf das Normalsphäroid und es ergeben sich Hebungen und Senkungen des Geoids relativ zum Sphäroid.

Das Normalsphäroid ist von einem Rotationsellipsoide gleicher Abplattung so wenig verschieden (man schätzt die Maximalabstände auf etwa 20 m), daß die Berechnungen auf dem Normalsphäroid nach den fürs Ellipsoid geltenden Regeln erfolgen können. Die Abweichungen des Geoids vom Sphäroid dürften nach Helmert im Maximum $\pm$ 100 m betragen.

§ 17. Festzahlen für die Erde als Kugel.

	Gerechnet mit den Werten a und b. nach Bessel (1841)	nach Wellisch (1915)
Kugelradius $R = \frac{a+a+b}{3}$ . . .	6370291 m	6371218 m
Radius einer Kugel von gleichem Volumen wie die Erde: $R = \sqrt[3]{a \cdot a \cdot b}$	6370283	6371205
Radius einer Kugel von gleicher Oberfläche wie die Erde . . .	6370289	6371212
Radius eines Kreises von gleichem Umfang wie eine Meridianellipse	6366743	6367639

Auf der Pariser Ausstellung 1890 war ein Globus von 42 m Durchmesser in einem besonderen Gebäude zu sehen. Der Unterschied zwischen Äquator- und Polardurchmesser ist bei einem so großen Sphäroid 14 cm, der höchste Berg (8800 m) erhebt sich 3 cm über die Meeresoberfläche.

IV. Zu Auftrags- und Rechenarbeiten.

§ 18. Längenausdehnungskoeffizienten.

Hat ein Maßstab bei der Temperatur 0° die Länge L_0, so hat er bei der Temperatur t^0 die Länge:

$$L_t = L_0 (1 + \alpha t) .$$

Die Längenausdehnungszahl α gibt das Maß der Längenänderung, die der Temperaturänderung um 1° entspricht.

Verschiedene Stäbe aus gleichem Material können merklich verschiedene Ausdehnungszahlen haben; z. B. bewegt sich α bei gehärtetem Stahl zwischen 12,26 und $13{,}86 \cdot 10^{-6}$.

Mittlere Ausdehnungszahlen für 1° innerhalb der Gebrauchstemperaturen:

Quarz	$0{,}000000_5$
Invar (Nickelstahl mit 36°/₀ Ni, 64°/₀ Stahl)	0,000001
Tannenholz (Längsrichtung)	0,000004
Marmor	0,000005
Fichte	0,000006
Rotbuche	0,000007
Eichenholz	0,000007
Flintglas (bei Libellen verwendet)	0,000008
Mauerwerk	0,000008
Platiniridium	$0{,}000008_9$
Platin	0,000009
Kronglas	$0{,}000009_5$
Gußeisen	0,000011
Stahl ungehärtet	0,000011
Reines Nickel[1]	$0{,}000012_5$

[1] In neuerer Zeit für Normalmaßstäbe zweiten Ranges empfohlen, weil die Ausdehnungszahl verschiedener Stäbe geringe Verschiedenheit zeigt.

Gehärtete Stahlmeßbänder[1]	0,000013
Portlandzementmörtel und Beton	0,000014
Gold	0,000014
Schweißeisen	$0{,}000014_7$
Phosphorbronze	0,000017
Kupfer	$0{,}000017_5$
Bronze	0,000018
Neusilber	$0{,}000018_4$
Messing	0,000019
Silber	$0{,}000019_8$
Aluminium	0,000023
Magnalium	0,000024
Blei	0,000028
Zink	0,000030
Eis	0,000052
Hartgummi	0,000080
Quecksilber	0,000180

Die Ausdehnungszahl für Invar ist klein, zwischen 0—1 μ oder 2 μ pro Meter; es gibt auch Invar mit negativem α. (Den verhältnismäßig großen Wert 1,8 μ für 1 m, also $^1/_7$ von α für Stahl, hatte z. B. der beim Feinnivellement auf den Großen St. Bernhard 1905 und 1906 zur Lattenvergleichung angewendete Invarstab.) Invar ist meist nicht maßhaltig, erleidet im Laufe der Zeit, besonders aber bei Stoß, dauernde Längenänderungen. Durch Tempern steuert man diesem Übelstand. Öftere Längenvergleiche sind stets nötig. Erfahrungsgemäß zeigt Invar mit größerer Ausdehnungszahl größere Konstanz in der Länge. Nickelstahl mit 7 μ Ausdehnung für 1 m und 1° ist ziemlich konstant.

Die Auftragsmaßstäbe haben ihre Nominallänge zweckmäßig bei der Gebrauchstemperatur (in Deutschland jetzt 20° C eingeführt). Bei einem Temperaturwechsel um 10° C beträgt die Längenänderung für 1 m langen Maßstab aus Messing rund 0,2 mm, aus Stahl 0,1 mm, aus Tannenholz 0,04 mm.

Für feinere Untersuchungen ist die Annahme eines konstanten α nicht zulässig; man setzt dann:

$$L_t = L_0 (1 + \alpha t + \beta t^2) = L_0 [1 + (\alpha + \beta t) t] .$$

[1] Nach Untersuchungen des Verfassers: Österr. Wochenschr. f. d. öffentl. Baud. 1913 S. 681 ff.

$(\alpha + \beta t)$ heißt die „wahre" Ausdehnungszahl bei t^0. Sie ist also eine Funktion der Temperatur. Die mittlere Ausdehnungszahl für Temperaturen zwischen 0° und t^0 ist $\alpha + \beta \frac{t}{2}$.

§ 19. Thermometerteilungen.

Fahrenheit (1714); Réaumur (1730); Celsius (1742).

$$4^0 R = 5^0 C = 9^0 F.$$

$$t^0 R = \tfrac{5}{4} t^0 C; \quad t^0 F = \tfrac{5}{9}(t - 32^0) C.$$

(Der Nullpunkt bei Fahrenheit, dessen Skala in England und den Vereinigten Staaten noch üblich ist, entspricht der Kälte zu Danzig, Winter 1709, und entspricht − 17,78° C = − 14,22° R. Der Eispunkt steht bei + 32° F.)

§ 20. Metall-Legierungen.

1. **Bronze**: Legierungen aus Kupfer und Zinn. Ein mäßiger Zusatz von Zink macht die Legierung billiger und besser gießbar (dünnflüssiger). Z. B. 82 Cu, 13 Sn und 5 G.-T. Zn.

2. **Invar**: 64 G.-T. Stahl, 36 Nickel

3 **Magnalium**: Legierung aus Aluminium und Magnesium (77—98 G.-T. und 23—2 G.-T.) Als Leichtmetall verwendet.

4. **Messing**: Alle Zinkkupferlegierungen mit gelber Farbe. Diese Farbe beginnt bei 19 v. H. Zinkgehalt und geht bei mehr als 50 v. H Zinkgehalt rasch in Grau über.

5. **Neusilber** (Packfong, Argentan, in Österreich auch Alpakka, Chinasilber): Kupfer, Zink, Nickel (z. B. 50, 25, 25 G.-T. bei weißem, silberähnlichem, 60, 26, 15 G.-T. bei gelblichem Neusilber).

6. **Partinium** (Viktoria-Aluminium). Englisches Patent (96 v. H. Aluminium, $2_{,8}$ Antimon, $0_{,8}$ Wolfram, $0_{,6}$ Kupfer, $0_{,2}$ Zinn).

7. **Phosphorbronze**: Legierung aus Kupfer, Zinn, Phosphor (z. B. $94_{,8}$, $4_{,8}$ und $0_{,4}$ G.-T.). Durch den Phosphorzusatz wird die Bronze dünnflüssiger zum Guß, dann härter, fester und gegenüber chemischen Einflüssen widerstandsfähiger.

8. **Platiniridium**: Ist gegen chemische und mechanische Einflüsse sehr widerstandsfähig. Diese Legierung wurde wegen ihrer geringen Ausdehnungszahl zur Herstellung der Meterprototype im Jahre 1874 angewendet. Der 250 kg schwere Block, der

90 Hundertteile Platin enthalten sollte, enthielt in Wirklichkeit: $89_{,440}$ Platin, $10_{,370}$ Iridium, $0_{,130}$ Kupfer, $0_{,030}$ Rhodium, $0_{,030}$ Eisen.

9. **Zinkguß**: Zink mit kleineren Mengen (1—10 v. H.) Kupfer. Während des Krieges als Ersatz für Bronze oder Messing verwendet, sonst wegen seiner Sprödigkeit für unsere Zwecke vermieden.

§ 21. Innere Wärmeleitungsfähigkeit.

Silber	100	Platin	8
Kupfer	75	Neusilber	6
Messing	24	Porzellan	1
Zink	19	Marmor	1
Stahl	12	Glas	$0_{,2}$

Noch schlechtere Wärmeleiter als Glas sind Holz und Papier.

Bei Längenmaßvergleichungen mit Normalmetern aus Stahl, die man ohne Isoliermittel in der Hand hält, wird der Einfluß der Körperwärme nach einiger Zeit fühlbar. Verfasser hat Isolierung mit 16fachem Zeitungspapier mit Erfolg angewendet. Das Normalmeter (1 cm² Querschnitt) war beim Anfassen oben und zu beiden Seiten auf 16 cm Länge vom Papier umgeben.

§ 22. Ablesemittel.

I. **Nonius** (Vernier, Werner).

Bezeichnet a das kleinste Intervall am Hauptmaßstab, n die Anzahl der Noniusteile, so gilt:

A. für den nachtragenden Nonius:

$$1 \text{ Noniusteil} = a - \frac{a}{n}$$

B. für den vortragenden Nonius:

$$1 \text{ Noniusteil} = a + \frac{a}{n}$$

Bei A. wird der Noniusnullpunkt im Sinne der Teilung des Hauptmaßstabes nachgetragen, bei B. vorangetragen.

Beim Ablesen ist die Lupe so zu stellen, daß die sich deckenden (koinzidierenden) Teilstriche das Gesichtsfeld halbieren.

Von Fennel-Kassel wurden Noniusmikroskope (D.R.G.M.) eingeführt, wodurch die Ablesung bequemer, klarer und rascher, für die Augen weniger ermüdend wird.

II. Schraubenmikroskop (Verbindung eines zusammengesetzten Mikroskops mit einem Schraubenmikrometer) ist das schärfste Ablesemittel.

Vor Beginn der Beobachtungen ist nachzusehen, ob beim Einstellen des Doppelfadens auf den Nullzahn des Zählrechens auch die Trommel auf Null steht. Andernfalls ist die Trommel bei festgehaltenem Schraubenkopf entsprechend zu verdrehen.

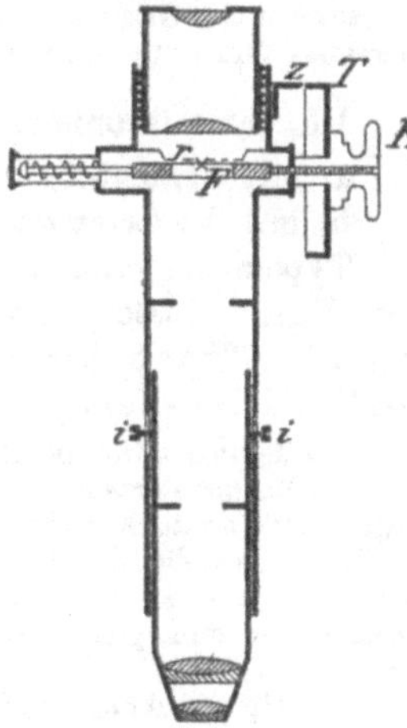

Fig. 1.

Beim Einstellen des Doppelfadens auf einen Teilstrich soll man die letzten Drehungen der Mikrometerschraube stets im gleichen Sinne (und zwar im Sinne des Hineinschraubens) ausführen, um selbst den kleinsten toten Gang (der beim Wechsel der Drehrichtung entstehen kann) zu vermeiden.

Forderungen für die Richtigkeit:

1. Doppelfaden und Limbusbild müssen in einer Ebene liegen und deutlich sichtbar sein (Justierung wegen Parallaxe).

2. Der Doppelfaden muß parallel sein zu den Maßstabstrichen.

3. Die Bildgröße des kleinsten Hauptmaßstabintervalls soll einer bestimmten runden Anzahl von Schraubenumdrehungen entsprechen (Abstimmen oder Einstimmen des Schraubenmikrometers auf die Teilung).

Zu 1: Scharfe Einstellung des Okulars auf den Doppelfaden, sodann Lüften der Klemmschrauben am Mikroskophalter und Verschieben der Mikroskopröhre, bis die Limbusteilung scharf erscheint. Dabei ist die Mikroskopröhre so zu drehen, daß der Doppelfaden parallel zu den Limbusteilstrichen wird; womit auch Punkt 2 erledigt ist.

Zu 3: Das Objektiv für sich wird in der Mikroskopröhre so lange verschoben, bis das Limbusintervall auf die runde Anzahl der Schraubenumdrehungen abgestimmt ist. Wird dadurch das Limbusbild undeutlich, so muß die ganze Mikroskopröhre (wie bei 1) so lange verschoben werden, bis die Parallaxe verschwunden ist.

Es wird kaum gelingen, das Abstimmen beim Schraubenmikroskop vollkommen durchzuführen. Die restliche Abweichung, der sogenannte Gang oder Run des Schraubenmikroskops ist bei besonders feinen Beobachtungen in Rechnung zu stellen.

III. Glasmikrometer.

a) mit Skalenteilung (Skalenmikroskop),

b) mit Transversalteilung (Schrägskalenmikroskop).

Type a ist von Hensoldt-Wetzlar (1879), Type b von Hahn-Kassel (1880) eingeführt worden. Eine vortreffliche Type b findet sich beim Feldphototheodoliten von Pulfrich-Zeiss.

Forderungen für die Richtigkeit:

1. Mikrometerteilung und Limbusbild müssen in einer Ebene liegen und deutlich sichtbar sein (Justierung wegen Parallaxe). 2. Die Teilstriche des Glasmikrometers müssen zu den Limbusteilstrichen parallel sein. 3. Die Länge der Skala bzw. der Transversalteilung muß gleich sein der Bildgröße des kleinsten Limbusintervalls.

Die Untersuchung und Berichtigung erfolgt wie beim Schraubenmikroskop.

IV. Strichmikroskop.

Wie alle Ablesemikroskope sind auch die einfachen Strichmikroskope sehr vorsichtig zu behandeln. Beim Drehen der Alhidade dürfen sie nicht angefaßt werden, weil dadurch eine Änderung der Mikroskopachsenrichtung und ein Ablesefehler von mehreren Minuten entstehen kann.

(Besonders helle Bilder in Fennels 1902 patentiertem Strichmikroskop mit Beleuchtungsröhrchen.)

(Das Strichmikroskop findet auch Anwendung bei **Heydes Mikrometerablesung**; nur wird hier das Reststück zwischen dem Indexstrich (oder Doppelfaden) des Mikroskops und dem zuletzt abgelesenen Limbusteilstrich nicht geschätzt, sondern durch Zurückdrehen des Index- oder Einstellmikroskops mit Hilfe einer für beide diametralen Mikroskope gemeinsamen Mikrometerschraube gemessen.)

Bei den Forderungen für die Richtigkeit entfällt der dritte Punkt (das Abstimmen).

V. Zahnkreisablesungen.

a) Zahnkreistheodolit von G. Heyde, Dresden. Der Umfang des Kreises enthält 360 Zähne, in die eine auslösbare Hohlschraube mit geteilter Trommel als Meßschraube tangentiell eingreift. Die Rohablesung (Grade) geschieht an einem einfachen Index, die Feinablesung (Minuten mit Schätzung der Zehntelminuten) an der Trommel der Meßschraube.

b) Ablesedose mit Zifferblatt und Zeiger. An Libellenquadranten (Freihandhöhenwinkelmessern) und Theodoliten zur Ballonverfolgung hat Prof. Dr. Hartmann (Firma Hartmann & Braun, Frankfurt a. M.) eine Schnellablesung eingerichtet, bestehend aus Index zur Rohablesung (5°) und Zifferblatt mit Zeiger zur Feinablesung (nach Graden, 5′ und 0,5′ Schätzung). Der Zeiger sitzt auf der Achse eines in die Verzahnung des Teilkreises eingreifenden Triebes (Z. f. I. 1920, S. 77).

§ 23. Punktauftragung nach rechtwinkligen Koordinaten.

Die Auftragung zweier Punkte P und Q wird geprüft durch Vergleich des Messungsergebnisses mit dem rechnungsmäßig festgestellten Maße:

$$\overline{PQ} = \sqrt{(x_Q - x_P)^2 + (y_Q - y_P)^2}\,.$$

Die Differenz zwischen Rechnungs- und Zeichnungsmaß soll bei Verbindung von Hauptpunkten nicht größer als 0,1 mm, bei Verbindung von Haupt- mit Nebenpunkten nicht größer als 0,2 mm sein

§ 24. Winkelauftragung.

Hilfsmittel: 1. Kreistransporteur, 2. Rolltransporteur, 3. Bussole mit Zulegeplatte, 4. Auftragen von Sehne oder Tangente.

Genauigkeit mit Transporteur bis etwa 1′, mit Sehnen- oder Tangentenauftragung Verschärfung noch möglich.

Zu 2. **Rolltransporteur:** Ist R = Rollenhalbmesser, d = Abstand der Rollenebene vom Nadelpol und a^0 der Drehungswinkel, der einer Rollenumdrehung entspricht, so ist:

$$a^0 : 360^0 = 2 R \pi : 2 d \pi ,$$

daher:

$$a^0 = \frac{360 \cdot R}{d} = \text{Konstante} .$$

Allgemein ist Winkel $w^0 = n \cdot a^0$.

Mit $R = 20$ mm, $d = 120$ mm wird Konstante $a = 60^0$.

§ 25. Koordinatensysteme bei Landesvermessungen.

Um bei der Anwendung ebener Koordinaten größere Verzerrungen wegen Nichtberücksichtigung der sphäroidischen Erdgestalt zu vermeiden, werden bei der Aufnahme größerer Länder oder Ländergruppen **mehrere** Koordinatensysteme bzw. Nullpunkte angenommen.

Die Länder des ehemaligen Österreich-Ungarn erhielten für die Katastralaufnahme (ab 1816) neun Nullpunkte. Der Meridian gibt die Abszissenachse (nach Süden positiv); senkrecht dazu steht das „Perpendikel" als Ordinatenachse (nach Westen positiv). Die Nullpunkte sind: 1. Stefansturm in Wien für Niederösterreich, Mähren, Schlesien und Dalmatien; 2 Trigonometer Gusterberg bei Kremsmünster für Böhmen, Oberösterreich und Salzburg; 3. Trigonometer auf dem Schöckl bei Graz für Steiermark; 4. Trigonometer auf dem Krimberg bei Laibach für Kärnten, Krain, Küstenland und das Gebiet von Fiume; 5. südlicher Pfarrturm in Innsbruck für Tirol und Vorarlberg; 6 Trigonometer Löwenburg (Sandberg) in Lemberg für Galizien; 7. westlicher Endpunkt der Basis bei Radautz für die Bukowina; 8. Budapest, Sternwarte am Blocksberg (in Ofen) für Ungarn; 9. Kloster Ivanić für Kroatien und Slavonien.

Für das Deutsche Reich wurden 49 Nullpunkte aufgestellt; und zwar 40 für Preußen (vom Rheinland bis nach Ostpreußen) und je ein Nullpunkt für die anderen Staaten. Für Bayern gilt als Nullpunkt der nördliche Turm der Frauenkirche in München, für **Württemberg** der Schloßturm in Tübingen (+ x nach Nord + y nach Ost), für **Baden** die frühere Sternwarte in Mannheim (+ x nach Süd, + y nach West).

§ 26. Triangulierung.

Wir unterscheiden a) selbständige Triangulierungen, b) Triangulierungen im Anschluß an solche höherer Ordnung.

Selbständige Triangulierungsnetze von **allgemeiner** Bedeutung sind die Netze 1. Ordnung, die einerseits für die Zwecke der Erdmessung und der Landesaufnahme (topographische Aufnahme), andererseits für die Zwecke der Katastervermessung angelegt werden. Als „Anschlußtriangulierungen" folgen dann die Netze 2., 3. und 4. Ordnung.

In dem der Erd- und Landesvermessung dienenden Netze 1. Ordnung (Haupttriangulierung) ist die Seitenlänge im allgemeinen etwa 50, 60 km und darüber, im Netze 2. Ordnung (Zwischentriangulierung) 10—20 km, im Netze 3. und 4. Ordnung (Kleintriangulierung) unter 10 km.

Im weitmaschigen Netze 1. und 2. Ordnung ist die Summe der Winkel in jedem Dreieck = 180° + dem sphärischen Exzeß ε'', wobei

$$\varepsilon'' = \varrho'' \frac{F}{R^2} \cdot$$

$\varrho = 206265$; F = Flächeninhalt des Dreiecks, der genügend genau jenem des ebenen Dreicks gleichgesetzt wird; R = Erdradius. Für ein gleichseitiges Dreieck mit Seiten von etwa 21 km wird $\varepsilon = 1''$.

Die Landesvermessung verwendet (im Gegensatze zur Erdmessung) von den astronomischen Ortsbestimmungen nur eine einzige (Polhöhe und geographische Länge eines Punktes und Azimut einer Seite). So diente als Koordinatenursprung für die Landesaufnahme im ehemaligen Österreich-Ungarn der Trigonometer 1. Ordnung (Warte) auf dem Hermannskogel bei Wien; alle Dreieckspunkte wurden dann auf dem Besselschen Ellipsoid nach geographischen Koordinaten φ, λ berechnet und festgelegt.

Die feinste Winkelmessung, wie sie gegenwärtig bei Triangulierungen 1. und 2. Ordnung üblich ist, ist die Winkelmessung in allen Kombinationen (Methode General Schreiber, Z. f. V. 1878), wobei Schraubenmikroskoptheodolite mit Schätzung von Zehntelsekunden verwendet werden.

[Bei Großaufnahmen des Bauingenieurs werden oft Richtungsmessungen genügen und wirtschaftliche Vorteile bringen. Doch ist der für Haupttriangulierungen gegebene Ausspruch Schreibers (1878): „Reine Winkelbeobachtungen sind den Richtungsbeobachtungen vorzuziehen, weil sie bei gleichem Zeitaufwand genauere Resultate geben" für Ingenieuraufnahmen nicht ohne Bedeutung. Bei der Triangulierung für die Achsabsteckung des Simplontunnels wurden Winkelmessungen in allen Kombinationen ähnlich der Schreiberschen Methode ausgeführt. Z. f. V. 1902, S. 76.]

Die Beurteilung der Genauigkeit der Winkelmessung bei Triangulierungen erfolgt nach der über Vorschlag des italienischen Generals Ferrero von der internationalen Erdmessung 1887 aufgestellten Formel für den mittleren Winkelfehler

$$m_w = \sqrt{\frac{[w^2]}{3n}}$$

w = „Dreieckschlußfehler" = Abweichung unter Berücksichtigung des sphärischen Exzesses, n = Anzahl der Dreiecke. Für neuere Arbeiten ist m nicht über $\pm 0{,}5''$. Im allgemeinen sind die Dreieckschlußfehler für Haupttriangulierungen nicht über $3''$.

Ein strengeres Maß für den Winkel- bzw. Richtungsfehler ergibt sich einerseits durch Ausgleichung der Stationsbeobachtungen, andererseits durch Netzausgleichung. Der aus der letzteren abgeleitete mittlere Fehler ist stets größer (Einfluß von Zentrierfehler, Anschlußzwang usw.).

Die Beziehung zwischen Winkel- und Richtungsfehler ist

$$m_w = \pm m_r \sqrt{2}\,.$$

Dementsprechend lautet bei Richtungsmessungen die Ferreroformel für den mittleren Fehler einer Richtung

$$m_r = \pm \sqrt{\frac{[w^2]}{6n}}.$$

Aus dem Richtungsfehler läßt sich der „mittlere Koordinatenfehler" berechnen, und hieraus der mittlere Punktortfehler:

$$m_p = \sqrt{m_x^2 + m_y^2}.$$

Bei neueren Stadttriangulierungen mit der durchschnittlichen Strahlenlänge von 2 km findet man den mittleren Richtungsfehler im Netz etwa $\pm 3''$, den mittleren Punktfehler $\pm$ 1—2 cm.

Das bei selbständigen Triangulierungen angewendete **Basisnetz** hat den Zweck, „aus der gemessenen Basis durch Winkelmessung die Länge einer zum weiteren Fortschreiten mit großen Dreiecken geeigneten Seite abzuleiten" (Schreiber, Z. f. V. 1882).

Sätze von Professor Schwerd (1820):

1. Das rhombische Netz, wie es schon Snellius, 1615, angewendet hat, ist das günstigste.

2. Die spitzen Winkel, die der direkt gemessenen Basis gegenüber liegen, sind für die Genauigkeit hauptsächlich bestimmend und daher mit besonderer Schärfe zu messen.

Nimmt man für gewöhnliche praktische Bedürfnisse als Höchstzahl der Satzwiederholungen 10 an, so kann die Anzahl der Sätze bei Ausmessung eines Doppelrhombus wie folgt angesetzt werden: Man mißt

1. die Winkel zu beiden Seiten der Basis . . . . 1 mal
2. die stumpfen Winkel des kleinen Rhombus . . . . . . 10 mal
3. die spitzen Winkel des kleinen Rhombus gegenüber der Basis . . . . 4 mal
4. die spitzen Winkel des großen Rhombus . . . . 8 mal
5. die sonstigen Viereckswinkel . . . . 4 mal

Das Gewicht für zehn Sätze wird mit 1, für acht mit 0,8, für vier mit 0,4 und für einen Satz mit 0,1 angesetzt (Abendroth),

Bei Triangulierungen im Anschlusse an Punkte höherer Ordnung ist die Messung einer Grundlinie im Prinzip zwar nicht nötig, sie ist aber oft zum Zwecke der Kontrolle, namentlich bei älterer oder verletzter Stabilisierung der Anschlußpunkte, anzuraten. In dieser Beziehung ist z. B. bemerkenswert, daß gelegentlich der Vorarbeiten für den Bau der zweiten Eisenbahnverbindung Wien—Triest der Grundsatz aufgestellt wurde, sich bei den Tunneltriangulierungen nicht nur auf die Landestrigonometer zu stützen, sondern jede Tunneltriangulierung aus einer selbst gemessenen Basis zu entwickeln (Zeitschr. d. österr. Ing. u. Arch.-Ver. 1909, S. 2).

Der rechnungsmäßige Anschluß neuer Hauptpunkte an Punkte höherer Ordnung erfolgt entweder durch Netz- oder durch Punkteinschaltung. Bei der Netzeinschaltung wird in eine als unveränderlich gegebene Figur des Hauptnetzes (z. B. in ein jedes Dreieck) das dort eingeschlossene untergeordnete Dreiecksnetz in einem Guße als Partialnetz ausgeglichen. Bei der Punkteinschaltung (trigonometrischen Punktbestimmung) werden die Koordinaten eines jeden Neupunktes aus den unveränderlichen Koordinaten zweier oder mehrerer Hauptpunkte abgeleitet, so daß die Festlegung eines untergeordneten Dreiecksnetzes punktweise erfolgt. Die Punkteinschaltung erscheint für unsere gewöhnliche Praxis wirtschaftlich vorteilhafter.

Die Katastralvermessung in den Staaten des ehemaligen Österreich hat eine trigonometrische Triangulierung zur Grundlage, bei der die Seitenlängen im Netz 1. Ordnung, das mit vier Grundlinien[1] in Verbindung steht, 15—30 km betragen, im Netz 2. Ordnung 9—15 km, im Netz 3. Ordnung 4—9 km, im Netz 4 Ordnung durchschnittlich 2 km. Auf eine Aufnahmesektion[2]

[1] Wiener Neustadt 12 km, Wels 15 km, Radautz 10 km, Hall in Tirol 6 km.

[2] Umfassend 500 n. ö. Joch im alten Katastermaßstab 1:2880; 200 ha im neuen Maßstab 1:2500.

müssen wenigstens drei Punkte 4. Ordnung entfallen. Diese Anzahl richtet sich aber auch nach dem Aufnahmedetail. In den Staaten des ehemaligen Österreich kommen gemäß Katasterinstruktion bei Parzellen von durchschnittlich 60 a und darüber vier Punkte 4. Ordnung auf eine Ausnahmesektion (oder ein Punkt auf 50 ha), bei Parzellen von 40—60 a: fünf Punkte (ein Punkt auf 40 ha), bei Parzellen von 10—40 a: 6—7 Punkte (ein Punkt auf 30 ha), bei Parzellen unter 10 a (Stadt- und Ortsaufnahmen): 8—10 Punkte (ein Punkt auf 20—25 ha).

Die Punkte 4. Ordnung bilden die Grundlage für die Stückvermessung (Detailaufnahme, Kleinaufnahme), die numerisch unter Einschaltung polygonaler Züge als Theodolit- oder Polygonalaufnahme (Zahlenmethode) oder graphisch mit dem Meßtisch ausgeführt wird.

§ 27. Meridiankonvergenz.

Die Ost- und Westrandlinien der Aufnahmesektionen des Katasters sind Parallele zum Meridian des Koordinatenursprungs. Bei Sektionsblättern, die weit östlich oder westlich vom Koordinatenursprung abstehen, weichen die seitlichen Randlinien von der wahren Nord—Südrichtung sehr merklich ab: sie konvergieren mit derselben. Man nennt die Abweichung des astronomischen Meridians in einem Punkte P von der Parallelen zum Nullmeridian die Meridiankonvergenz γ. (Sie kann als Differenz der Azimute für die Richtung der kürzesten Linie vom Koordinatenursprung zu Punkt P angesehen werden.)

$$\gamma'' = \varrho'' \frac{y}{R} \cdot \operatorname{tg} \varphi ,$$

worin $\varrho = 206265$; y = Ordinate des Punktes P; R = Erdhalbmesser; φ = geogr. Breite von P.

Die Meridiankonvergenz wächst mit der Ordinate y und ist für Punkte mit gleicher Ordinate um so größer, je nördlicher der Punkt liegt. Außerdem ist sie von der geograph. Breite des Koordinatensprungs abhängig.

§ 28. Hilfsformeln zur trigonometrischen Punktbestimmung.

a) Sinussatz der praktischen Geometrie.

Sind alle Eckpunkte eines Polygons mit einem innerhalb oder außerhalb gelegenen Pol verbunden und sind alle links und rechts von diesen Verbindungslinien bis zu den Polygonseiten sich erstreckenden Winkel gemessen, so ist das Produkt der Sinusse aller links liegenden Winkel gleich dem Produkte der Sinusse aller rechts liegenden Winkel.

b) Bestimmung zweier Winkel aus ihrer Summe und dem Verhältnis ihrer Sinusse.

Gegeben: $(x + y)$ und $\frac{\sin y}{\sin x} = \operatorname{tg} \psi$.

$$\text{Dann ist:} \quad \operatorname{tg}\left(\frac{x-y}{2}\right) = \operatorname{tg}\left(\frac{x+y}{2}\right) \cdot \operatorname{tg}(45 - \psi)$$

$$\text{oder} \quad \operatorname{tg}\left(\frac{x-y}{2}\right) = \operatorname{tg}\left(\frac{x+y}{2}\right) \cdot \operatorname{ctg}(45 + \psi).$$

§ 29. Einfache trigonometrische Punktbestimmungen.

Bei den trigonometrischen Punktbestimmungen durch Einschneiden unterscheiden wir äußere und innere Richtungen, je nachdem die Winkelmessung in gegebenen oder in gesuchten Punkten erfolgt. Kommen äußere und innere Richtungen vor, so spricht man von „kombiniertem Einschneiden“. Wir unterscheiden ferner einfache und mehrfache Punktbestimmungen, je nachdem wir überschüssige Beobachtungen ausschließen oder aufnehmen.

a) Einfaches Vorwärtseinschneiden.

Gegeben: Koordinaten von A und B (Fig. 2).

Gemessen: Winkel α und β; gesucht: Koordinaten von P.

Man rechnet: $\operatorname{tg}(AB) = \operatorname{tg}\omega = \dfrac{y_B - y_A}{x_B - x_A}$

$$AB = a = \frac{y_B - y_A}{\sin\omega} = \frac{x_B - x_A}{\cos\omega}.$$

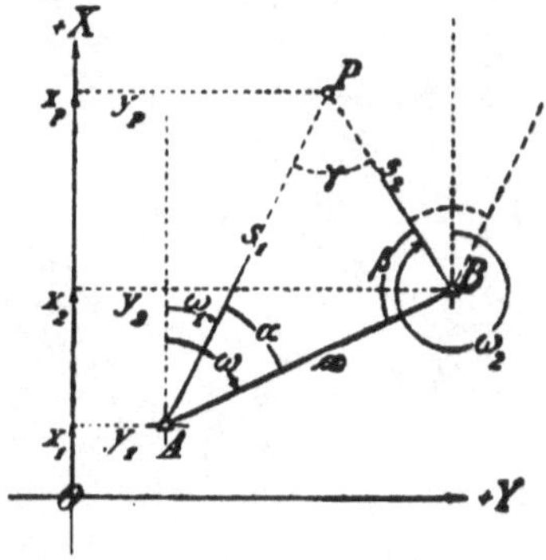

Fig. 2.

Richtungswinkel:

$(AP) = \omega_1 = \omega - \alpha$; $(BP) = \omega_2 = 180 + \omega + \beta$.
Kontrolle: $\omega_2 - \omega_1 = 360 - \gamma$; $\gamma = 180 - (\alpha + \beta)$.

$$\overline{AP} = s_1 = \frac{a \sin\beta}{\sin\gamma}; \quad \overline{BP} = s_2 = \frac{a \sin\alpha}{\sin\gamma}$$

$$\left.\begin{aligned} x_P &= x_A + s_1 \cos\omega_1 = x_B + s_2 \cos\omega_2 \\ y_P &= y_A + s_1 \sin\omega_1 = y_B + s_2 \sin\omega_2 \end{aligned}\right\}$$

Ist ein Neupunkt durch mehr als zwei Vorwärtsschnitte festgelegt und erscheint eine regelrechte Ausgleichung nicht notwendig, so berechnet man die endgültigen Koordinaten aus dem günstigsten Schnitt oder aber als arithmetisches Mittel aus den Koordinaten, die sich bei wiederholten Berechnungen des Vorwärtseinschneidens aus verschiedenen Punktpaaren ergeben.

b) Seitwärtsabschneiden.

Rechnung analog wie bei a.

c) Rückwärtseinschneiden.[1]

Gegeben die Koordinaten von A, B, C (Fig. 3). Gesucht die Koordinaten eines vierten Punktes P.

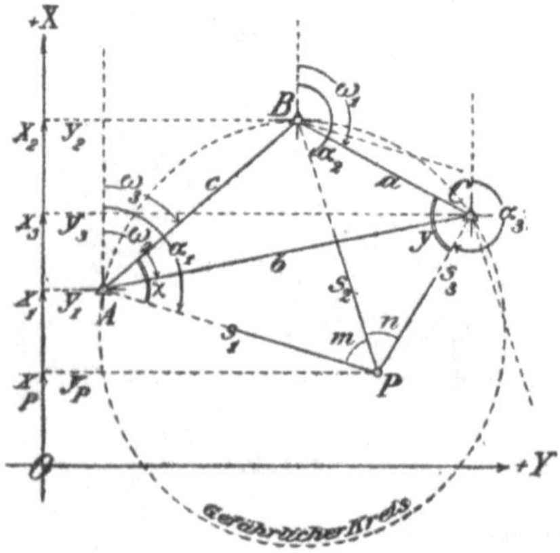

Fig. 3.

Gemessen die Winkel m und n in P zwischen den Strahlen nach A, B, C.

Man rechnet die Richtungswinkel der Seiten a, b, c:

$$\operatorname{tg}\omega_1 = \frac{y_C - y_B}{x_C - x_B}\,; \quad \operatorname{tg}\omega_2 = \frac{y_C - y_A}{x_C - x_A}\,; \quad \operatorname{tg}\omega_3 = \frac{y_B - y_A}{x_B - x_A}$$

---

[1] Zuerst von Hipparchos, 2. Jahrh. v. Chr., aufgeworfen und gelöst; später unabhängig von Willebrord Snellius (1617). Die Lösung mit Koordinaten scheint erstmals Delambre behandelt zu haben.

Die Dreieckswinkel folgen aus einer Situationsskizze mit:

$$A = \omega_2 - \omega_3;\quad B = 180^0 + \omega_3 - \omega_1;\quad C = \omega_1 - \omega_2 .$$

Kontrolle:

$$A + B + C = 180^0 .$$

Weiter ist:

$$a = \frac{y_C - y_B}{\sin\omega_1} = \frac{x_C - x_B}{\cos\omega_1};$$

$$b = \frac{y_C - y_A}{\sin\omega_2} = \frac{x_C - x_A}{\cos\omega_2};\quad c = \frac{y_B - y_A}{\sin\omega_3} = \frac{x_B - x_A}{\cos\omega_3} .$$

Sodann sind im Viereck $A\,B\,C\,P$ die zwei gegenüberliegenden Winkel x und y zu ermitteln, für welche

$$\begin{cases} x + y = 360 - (B + m + n) \\ x - y = ? \end{cases}$$

Der Sinussatz der praktischen Geometrie liefert den Wert für

$$\frac{\sin y}{\sin x} = \operatorname{tg}\psi;\ (\psi = \text{Hilfswinkel}) .$$

Aus

$$\operatorname{tg}\left(\frac{x - y}{2}\right) = \operatorname{tg}\left(\frac{x + y}{2}\right) \cdot \operatorname{ctg}(45 + \psi)$$

folgt

$$(x - y) .$$

Bei bekanntem x und y ergeben sich nun die Richtungswinkel der Leitstrahlen von A, B und C nach dem Neupunkt P mit:

$$\alpha_1 = \omega_3 + x;\quad \alpha_2 = \alpha_1 + m;\quad \alpha_3 = \alpha_2 + n ,$$

ferner die Längen der Leitstrahlen:

$$s_1 = \frac{c \cdot \sin(m + x)}{\sin m};\ s_2 = \frac{c \cdot \sin x}{\sin m};\ s_3 = \frac{a \cdot \sin(n + y)}{\sin n} .$$

Endlich ist:

$$\left.\begin{aligned} x_P &= x_A + s_1 \cos \alpha_1 = x_B + s_2 \cos \alpha_2 = x_C + s_3 \cos \alpha_3 \\ y_P &= y_A + s_1 \sin \alpha_1 = y_B + s_2 \sin \alpha_2 = y_C + s_3 \sin \alpha_3 \end{aligned}\right\}$$

Der „gefährliche Kreis" ist bei der Wahl von P zu meiden. Der Rückwärtseinschnitt wird im allgemeinen um so schärfer, je kürzer die Leitstrahlen sind. Liegt P im Innern von Dreieck ABC, so kann stets eine gute Bestimmung erwartet werden. Beim Rückwärts einschneiden aus mehr als drei Festpunkten sind gute Punktbestimmungen zu erwarten, wenn 1. die gegebenen Punkte auf einem Kreise um P als Mittelpunkt liegen, 2. die Festpunkte auf dem Kreise gleichmäßig verteilt sind, 3. der Kreishalbmesser möglichst klein ist.

d) Aufgabe der unzugänglichen Distanz

(Hansensche Aufgabe, auch Rückwärtseinschneiden aus zwei Punkten genannt).

Gegeben die Koordinaten von zwei unzugänglichen Punkten A und B. Gesucht die Koordinaten eines Punktes P nach Annahme eines Hilfspunktes p (Fig. 4).

Gemessen die Winkel in P und p zwischen allen Visuren (α, β, γ, δ).

Man rechnet

$$\operatorname{tg}(AB) = \operatorname{tg}\omega = \frac{y_B - y_A}{x_B - x_A}$$

$$\overline{AB} = a = \frac{y_B - y_A}{\sin\omega} = \frac{x_B - x_A}{\cos\omega}$$

sodann die zwei an der Basis a gelegenen unbekannten Winkel x und y aus ihrer Summe und Differenz ähnlich wie bei Aufgabe c.

Weiter folgen die Richtungswinkel der Leitstrahlen

von A bzw. B nach P bzw. p, dann die Länge dieser Leitstrahlen und schließlich die fraglichen Koordinaten

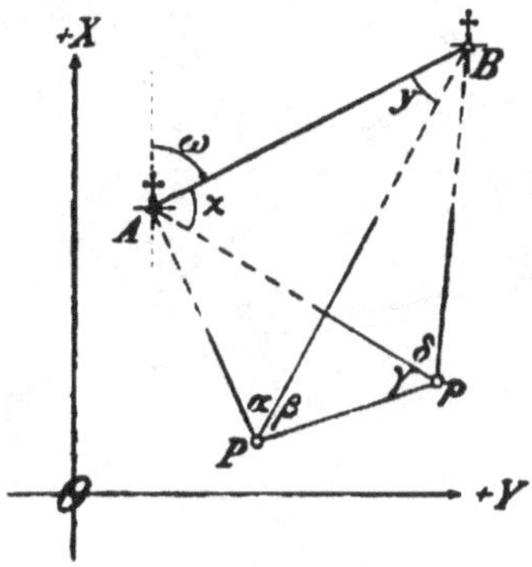

Fig. 4.

für P (sowie für den Hilfspunkt p), abgeleitet aus den Koordinaten von A und B.

Die Hansensche Aufgabe wird oft verwendet, um eine Neuaufnahme an zwei unzugängliche Trigonometer höherer Ordnung anzubinden. Steht nur ein einziger Trigonometer zur Verfügung, so kann die Orientierung der Neuaufnahme durch eine astronomische Azimutbestimmung erfolgen (Z. f. V. 1906, S. 377).

e) Punktbestimmung durch Gegenschnitt.

Der Gegenschnitt bildet eine Verbindung von Vorwärts- und Rückwärtseinschneiden. Gegeben sind drei Punkte A, B, C (Fig. 5). Gesucht ist P. Gemessen werden m und n. Man kann die Koordinaten des Kreismittelpunktes M rechnen und die weitere Lösung aus dem Dreieck MPB entwickeln, wo zwei Seiten ($\overline{MB}$ und $\overline{MP} = \overline{MA}$) sowie ein Winkel (bei B) gegeben sind.

Die Längen und Richtungswinkel von $\overline{MP}$ und $\overline{BP}$ liefern dann zwei Wege zur Berechnung der Koordinaten von P.

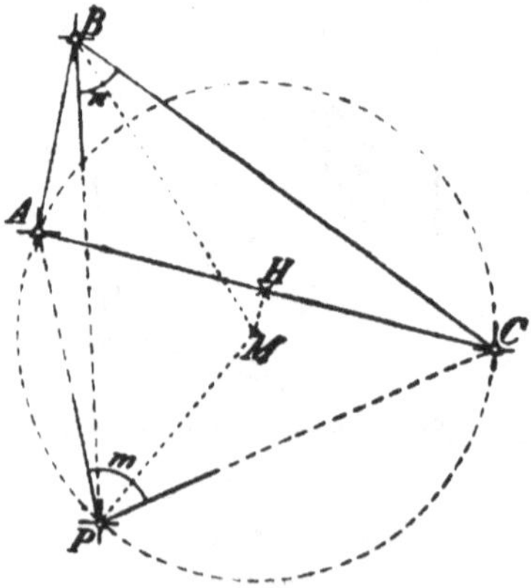

Fig. 5.

§ 30. Polygonzüge (Streckenzüge).

I. Berechnung eines Polygonzuges mit beiderseitigem vollständigem Anschluß.

Zwischen zwei Triangulierungsseiten $\overline{P, 1}$ und $\overline{n, Q}$ wird ein Polygonzug (1 bis n) eingeschaltet (Fig. 6). In den Trigonometern 1 und n sind die Anschlußwinkel α_1 bzw. α_n gemessen, so daß beiderseits der Richtungsanschluß hergestellt ist. Der Polygonzug ist durch Messung der Winkel $\alpha_2 \ldots \alpha_{n-1}$ und der Seiten $s_1 \ldots s_{n-1}$ festgelegt.

Man rechnet die als fehlerfrei anzusehenden Richtungswinkel ω_0 und ω_n aus:

$$\operatorname{tg} \omega_0 = \frac{y_1 - y_P}{x_1 - x_P} \quad \text{und} \quad \operatorname{tg} \omega_n = \frac{y_Q - y_n}{x_Q - x_n},$$

dann die Richtungswinkel:

$$\omega_1 = \omega_0 + \alpha_1 \pm 180^0; \quad \omega_2 = \omega_1 + \alpha_2 \pm 180^0; \quad \text{usw.},$$

wobei $\pm 180^0$ gilt, je nachdem $(\omega_{n-1} + \alpha_n) \lesseqgtr 180^0$ ist (vgl. ω_3 gegenüber ω_2 und ω_4).

(Die gleichen Formeln für ω_1, ω_2 usw. verwendet man beim Auftragen eines Polygonzuges nach Richtungswinkeln.)

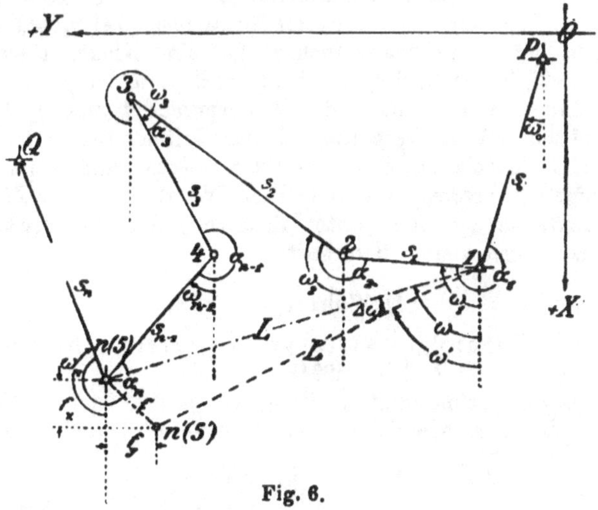

Fig. 6.

Die vorläufigen Koordinaten sind:

$$x_2 = x_1 + s_1 \cos\omega_1 \quad \text{und} \quad y_2 = y_1 + s_1 \sin\omega_1$$
$$x_3 = x_2 + s_2 \cos\omega_2 \qquad\qquad y_3 = y_2 + s_2 \sin\omega_2 \quad \text{usw.}$$

Es folgen die Bedingungsgleichungen:

$$\left.\begin{aligned} [\alpha] - k \cdot 180^0 - (\omega_n - \omega_0) &= 0 \\ [s \cdot \cos\omega] - (x_n - x_1) &= 0 \\ [s \cdot \sin\omega] - (y_n - y_1) &= 0 \end{aligned}\right\}$$

worin $k =$ ganze Zahl.

Die Ausrechnung ergibt wegen der Beobachtungsfehler nicht 0, sondern die Widersprüche f_w, f_x und f_y (Winkel-, Abszissen-, Ordinatenwiderspruch). Eine strenge Ausgleichung ist nur in seltenen Ausnahmefällen begründet. Es genügt in der Regel die Ausgleichung auf elementarem Wege, wobei die Winkelausgleichung von der Seiten- (oder Koordinaten-)ausgleichung getrennt wird: Nach der Berechnung der Richtungswinkel ω_0 und ω_n wird der Winkelwiderspruch f_w auf alle Winkel α (einschließlich der beiden Anschlußwinkel α_1 und α_n) gleichmäßig verteilt, worauf die Widersprüche f_x und f_y berechnet und im Verhältnis zu den Seitenlängen s (oder im Verhältnis zu den Produkten $s \cdot \cos \alpha$ und $s \cdot \sin \alpha$) aufgeteilt werden. Die endgültigen Koordinaten der Zugpunkte werden dann unter Benützung der verbesserten $s \cdot \cos \alpha$ und $s \cdot \sin \alpha$ berechnet.

II. Fehlergrenzen.

1. Nachfolgestaaten von Österreich, Katasterinstruktion (J. f. P. V., 1904).

a) Doppelmessung der Polygonseiten (hin und zurück).

Zulässige Abweichung unter mittleren Verhältnissen:

$$\Delta s = 0{,}00015\, s + 0{,}005 \sqrt{s} + 0{,}015\,,$$

25% weniger unter günstigen, 25% mehr unter ungünstigen Verhältnissen.

Länge s	10	50	100	200	300 m
Δs für mittl. Verh.	3	6	8	12	15 cm

(Nach der alten J. f. P. V. 1887 waren diese Fehlergrenzen Δs rund dreimal so hoch; vgl. auch Preußen.)

b) Zulässiger Widerspruch f_w.

Ist m = mittlerer Fehler eines Winkels, so ist der mittlere Fehler der Summe von n Winkeln $= m\sqrt{n}$ und deren Maximalfehler $= 2{,}8\,m\sqrt{n}$. (Bei n ist der Anschluß- und Abschlußwinkel des Polygonzuges mitgezählt.)

Für gewöhnlich ist zulässig: $f_w = \pm 75''\sqrt{n}$.

Anzahl n	4	9	25	36
Winkelfehler f_w	2′ 30″	3′ 45″	6′ 15″	7′ 30″

Für sehr ungünstige Verhältnisse darf der Widerspruch ausnahmsweise den $1^1/_2$fachen normalen Wert erreichen.

Die gleichmäßige Verteilung von f_w gilt aber nur, wenn das Verhältnis der kürzesten zur längsten Polygonseite nicht kleiner als 1 : 4 ist. Sonst ist f_w im umgekehrten Verhältnis zu den mittleren Schenkellängen aufzuteilen, nämlich nach den Verhältniszahlen $\left(\frac{1}{s_0} + \frac{1}{s_1}\right) : \left(\frac{1}{s_1} + \frac{1}{s_2}\right)$ usw. Somit erhält der Winkel zwischen den kürzesten Seiten die größte Verbesserung.

c) Fehlergrenzen für die Koordinatenwidersprüche.

c_1) Für gestreckte Polygonzüge:

α) Lineare Zugabweichung $\Delta L \gtreqless 0{,}012\sqrt{[s]} + 0{,}06$ m.

Zuglänge $[s]$	50	100	500	1000	1500 m
Anschlußfehler ΔL	14	18	33	44	52 cm

β) Abweichung der Zugrichtung

$$\Delta\omega \gtreqless \frac{2}{L}\left\{[s] + 100\right\} \text{ Minuten.}$$

$[s]$ = Summe der Polygonseitenlängen. Die lineare Zugabweichung ist die Differenz $(L - L')$, wenn L die aus den Koordinaten der Polygonzug-Endpunkte berechnete und L' die aus der vorläufigen Polygonzugberechnung ermittelte geradlinige Entfernung der Polygonzug-Endpunkte bedeutet.

Die Abweichung in der Zugrichtung ist der Unterschied zwischen dem Südwinkel, der sich aus den gegebenen Koordinaten der Polygonzug-Endpunkte ergibt und dem Südwinkel, der sich aus der vorläufigen Koordinatenrechnung der Polygonzug-Endpunkte ergibt.

c_2) Für Polygonzüge, die ausnahmsweise von der gestreckten Form stark abweichen, ist der Gesamtwiderspruch $f = \sqrt{f_x^2 + f_y^2}$ maßgebend; es gilt die Formel (a):

$$f \gtreqless 0{,}012\sqrt{[s]} + 0{,}06 \text{ Meter.}$$

c_3) Für Messungslinienanschlüsse:

Fehlergrenzwert $= 0{,}012\sqrt{[s]} + 0{,}16$ Meter, das ist der um 10 cm vermehrte Grenzwert von c_1 und c_2.

Anmerkung. Sind die obigen Fehlergrenzen eingehalten, so erfolgt die Ausgleichung der Koordinatendifferenzen — wenn ($\Delta\,\omega$) kleiner als 1′ ist — proportional zu den Polygonseitenlängen:

Verbesserung $(\Delta\, x)_1 = \frac{f_x}{[s]} \cdot s_1$; $(\Delta\, y)_1 = \frac{f_y}{[s]} \cdot s_1$ usw.

Besondere Bestimmungen gelten für den Fall, wo $(\Delta\,\omega) > 1' < 1{,}_5'$ ist (J. f. P. V., S. 160). Ist endlich $(\Delta\,\omega) > 1{,}_5'$, so ist die Ausgleichung der Zuganschlußdifferenz graphisch vorzunehmen (J. f. P. V., Diagramm XII)[1].

2. **Preußen**, Katastervermessung: (Anweis. v. 1881).

a) Längenmessung für I. günstiges, II. mittleres, III. ungünstiges Gelände. Die zulässigen Abweichungen sind:

$$\text{I. } d = 0{,}01\sqrt{4\,s + 0{,}005\,s^2}; \quad \text{II. } d = 0{,}01\sqrt{6\,s + 0{,}0075\,s^2};$$

$$\text{III. } d = 0{,}01\sqrt{8\,s + 0{,}01\,s^2}.$$

s	10	50	100	200	300	1000 m
I.	6	14	21	32	41	95 cm
II.	8	18	26	39	50	116 cm
III.	9	20	30	45	57	134 cm

b) Zulässiger Widerspruch $f_w = \pm\, 1{,}5'\sqrt{n}$ oder $3^c\sqrt{n}$. (Bei n ist An- und Abschlußpunkt mitgerechnet.)

[1] Vgl. graphische Methode Klingatsch, Z. f. V. 1900, S. 540.

Anzahl n	4	9	25	36
f_w	3,′0	4,′5	7,′5	9,′0 a. T.

c) Der lineare Schlußfehler des Zuges $f_s = \sqrt{f_x^2 + f_y^2}$ darf die in a) angeführten Grenzwerte nicht überschreiten, wobei an Stelle von s die Summe $[s]$ zu setzen ist, so daß z. B. für Gelände II:

$$f_s = 0{,}01 \sqrt{6\,[s] + 0{,}0075\,[s]^2}\,.$$

3. Bayern (Kat.-Instr. 1898).

a) Längenmessung: $d = 0{,}007 \sqrt{s} + 0{,}02$ (d und s in Metern).

In ungünstigem Gelände darf die Fehlergrenze in der Stadt um ein Drittel, sonst ausnahmsweise um zwei Drittel überschritten werden.

b) Zulässiger Winkelwiderspruch: $f_w = 48'' \sqrt{n} + 25''$.

c) Zulässige Längenabweichung:

$$\Delta\, l = 0{,}0035 \sqrt{[s]} + 0{,}00044\,[s] + 0{,}05\,.$$

Zulässige Querabweichung:

$$\Delta\, q = 0{,}0025\,[s] + 0{,}05 \text{ in Metern.}$$

4. Baden.

a) Bei Längenmessung mit Schneidenlatten und Gradbogen:

Maximaldifferenz in Metern:

$$d = 0{,}002 \sqrt{s} + 0{,}0001\,s + 0{,}01\,.$$

Bei Staffelmessung:

$$d = 0{,}004 \sqrt{s} + 0{,}0002\,s + 0{,}01\,.$$

b) Zulässiger Widerspruch:

$$f_w = 1{,}2^c \sqrt{n} + 0{,}5^c \approx 40'' \sqrt{n} + 17''\,.$$

c) Linearer Schlußfehler:

$$f_s = 0{,}004 \sqrt{[s]} + 0{,}0002\,[s] + 0{,}05\,.$$

5. Württemberg (Anweisung 1895).

a) Gelände: I. wenig uneben, bei Meßstangen nur ausnahmsweise zu senkeln; II. mittleres Gelände, häufiger zu senkeln; III. uneben, regelmäßig zu senkeln.

$$d_{I} = 0{,}01 \sqrt{s} + 0{,}0005\, s; \qquad d_{II} = 0{,}015 \sqrt{s} + 0{,}0006\, s;$$

$$d_{III} = 0{,}02 \sqrt{s} + 0{,}0007\, s\,.$$

b) Winkelwiderspruch:

$$f_w = 1{,}5' \sqrt{n}\,.$$

c) Linearer Schlußfehler:

$$f_s = d + 0{,}1 \sqrt{n - 1}\,.$$

d ist die für die Zuglänge $[s]$ gültige Fehlergrenze d_{I}, d_{II} oder d_{III}.

6. Sachsen.

a) Längenmessung:

$$d = 0{,}02 + 0{,}0041 \sqrt{s} + 0{,}00044\, s \text{ in Metern.}$$

b) Winkelwiderspruch:

$$f_w = 1' \sqrt{n}\,.$$

c) Linearer Schlußfehler:

$$f_s = 0{,}000654\, [s]\,.$$

7. Schweiz (Instr. f. Grundbuchverm. 1910).

Gelände I. Städte; II. mittlere Wertslagen; III. Alpengebiete.

a) Maximaldifferenz:

$$d_{I} = c_1 \sqrt{s} + 0{,}0001\, s; \quad c_1 = 0{,}001 \text{ bis } 0{,}003\,.$$

$$d_{II} = c_2 \sqrt{s} + 0{,}0002\, s; \quad c_2 = 0{,}003 \text{ bis } 0{,}004\,.$$

(in steilem Gelände das Doppelte.)

$$d_{III} = c_3 \sqrt{s} + 0{,}0005\, s; \quad c_3 = 0{,}02 \text{ bis } 0{,}3$$

b) Zulässiger Abschlußfehler für die Winkel:

I. $1^c \sqrt{n}$ bis $1{,}5^c \sqrt{n}$; II. $2^c \sqrt{n}$ bis $3^c \sqrt{n}$;

III. $3^c \sqrt{n}$ bis $5^c \sqrt{n}$.

c) Zulässiger linearer Schlußfehler:

I. $0{,}005 \sqrt{[s]}$ bis $0{,}01 \sqrt{[s]}$

und dazu 5 cm für Unsicherheit der Anschlußpunkte.

II. $0{,}01 \sqrt{[s]}$ bis $0{,}02 \sqrt{[s]}$

und dazu 10 cm; in steilem Gelände das Doppelte.

III. $0{,}04 \sqrt{[s]}$ bis $0{,}08 \sqrt{[s]}$

und dazu 20 cm. Bei mehr als 50% Steigung das $1^1/_2$fache.

III. Berechnung eines geschlossenen Zuges.

Ist keiner der Zugpunkte nach Koordinaten gegeben, so wird ein Zugpunkt als Ursprung, eine Seite als x-Achse angenommen. Die Bedingungsgleichungen lauten:

$$\begin{cases} [\alpha] - k \cdot 180^0 = 0; \quad k = \text{ganze Zahl}. \\ [s \cos \omega] = 0 \quad \text{oder} \quad [\Delta\, x] = 0. \\ [s \sin \omega] = 0 \quad \text{oder} \quad [\Delta\, y] = 0. \end{cases}$$

Bei der Ausrechnung wird (analog wie bei I) zunächst der Winkelwiderspruch gleichmäßig verteilt. Mit den ausgeglichenen Winkeln werden die vorläufigen $s \cdot \cos \alpha$ und $s \cdot \sin \alpha$ berechnet, worauf die Widersprüche f_x und f_y im Verhältnis der Seiten s (oder der Produkte selbst) verteilt werden. Die ausgeglichenen Produkte $s \cdot \cos \alpha$ und $s \cdot \sin \alpha$ ergeben die endgültigen Koordinaten der Zugpunkte.

Die Winkelsumme im geschlossenen Polygon ist

$$[\alpha] = (n - 2) \cdot 180^0 \quad \text{oder} \quad [\alpha] = (n + 2) \cdot 180^0,$$

je nachdem α die Innen- oder die Außenwinkel des Polygons bedeuten.

(Betreffend die Winkelsumme in einem verschränkten Polygon: Löschner, Z. f. V. 1921.)

Betreffend die zulässigen Widersprüche f_w und $f = \sqrt{f_x^2 + f_y^2}$ vgl. die Angaben im Abschnitt (II).

IV. Berechnung eines freien (offenen) Zuges. Gegeben sind die Koordinaten x_1, y_1 des ersten Zugpunktes und der Richtungswinkel ω_1 der ersten Polygonseite. Die Richtungswinkel ω_1, ω_2 ... und die Koordinaten x_2, y_2, x_3, y_3 ... werden nach den in (I) angeführten Formeln berechnet. Die in Abschnitt (I) angegebenen Gleichungen:

$$\begin{cases} (\omega_n - \omega_0) = [\alpha] - k \cdot 180^\circ \\ (x_n - x_1) = [\Delta x] \\ (y_n - y_1) = [\Delta y] \end{cases}$$

liefern hier, wo x_n und y_n nicht gegeben sind, zwar keine Bedingungsgleichungen, aber gute Rechnungskontrollen.

§ 31. Flächenberechnung.

Ist f der Flächeninhalt eines Grundrisses mit dem Längenmaßstab $1 : M$, so folgt der Flächeninhalt des Grundstücks in der Natur mit

$$F = f M^2,$$

wobei f im natürlichen Maß (z. B. Quadratzentimeter) eingesetzt wird. Z. B. für $1 : 500$ entspricht $1\ \text{cm}^2$ einer Feldfläche von $25\ \text{m}^2$.

I. Flächenberechnung aus Messungszahlen.

a) Nach den Trapezformeln:

$$\pm 2F = \sum_1^n (x_{n+1} - x_n)(y_{n+1} + y_n)$$

und mit entgegengesetztem Vorzeichen:

$$\mp 2F = \sum_1^n (y_{n+1} - y_n)(x_{n+1} + x_n).$$

Angewendet bei einfachen, nach der Koordinatenmethode[1] aufgemessenen Figuren (z. B. Vieleck mit Diagonale als Aufnahmeachse). Kreuzt die Aufnahmeachse eine Begrenzungslinie (Fig. 7),

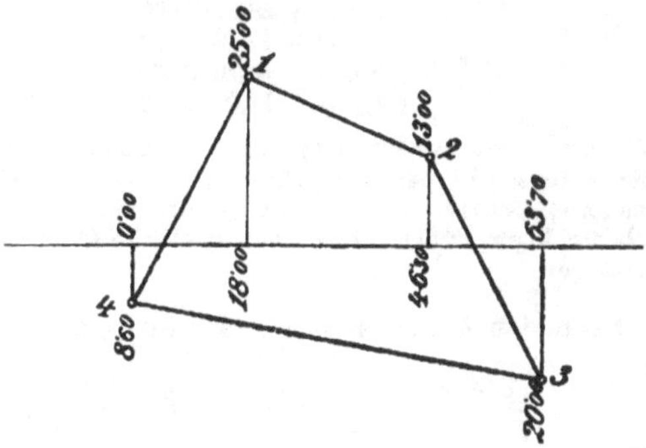

Fig. 7.

[1] Beim Kataster der Nachfolgestaaten Österreichs (vgl. J. f. P.) werden die Maßzahlen für Abszissen senkrecht zur Messungslinie geschrieben, und zwar so, daß der Fuß der Zahlen nach dem Endpunkte der Messungslinie hinweist. Das Endmaß der Messungslinie wird doppelt, das Maß für den Einbindepunkt einer abzweigenden Messungslinie einmal unterstrichen. Bei wiederholter Messung einer Linie werden die beiden Maße untereinander geschrieben und durch eine Klammer verbunden. Das Ordinatenmaß von Punkten, die in der betreffenden Ordinate vereinzelt liegen, wird in der Richtung der Ordinate geschrieben. Wenn aber in der gleichen Ordinate mehrere Aufnahmepunkte liegen, so werden die Maßzahlen senkrecht zur Ordinate geschrieben, das Endmaß wird auch hier doppelt unterstrichen. Gebäudemaße, Parzellenkopfbreiten u. dgl. werden parallel zur betreffenden Strecke geschrieben.

In Preußen gelten die gleichen Bestimmungen mit dem Unterschiede, daß grundsätzlich nicht nur die Abszissenmaße, sondern auch alle Ordinatenmaße senkrecht zur bezüglichen Meßlinie angeschrieben werden und daß der Fuß der Zahlen nach dem Anfangspunkt der Messung hinweist (vgl. Bestimmungen über die Anwendung gleichmäßiger Signaturen, Berlin 1905, Decker).

so entsteht dort ein „geschränktes" Trapez, für dessen Flächeninhalt die außerhalb der Berechnungsfigur fallende Ordinate negativ anzusetzen ist. Die Fig. 7 ergibt z. B.

$$
\cdot\ 2F = \begin{cases} 1,2 = +\ 28,30 \cdot 38,00 \\ 2,3 = -\ 17,40 \cdot\ \ 7,00 \\ 3,4 = +\ 63,70 \cdot 28,60 \\ 4,1 = +\ 18,00 \cdot 16,40 \end{cases}
$$

Bei einem geschränkten Trapeze ist die doppelte Fläche (als doppelter Unterschied der zwei Dreiecke zu beiden Seiten der Aufnahmelinie) positiv oder negativ, je nachdem die Ordinate innerhalb der Figur größer oder kleiner ist als die Ordinate außerhalb der Figur.

b) Nach den Gaussschen Flächenformeln:

$$\pm\ 2F = \sum_{1}^{n} x_n (y_{n+1} - y_{n-1})$$

und mit entgegengesetztem Vorzeichen:

$$\mp\ 2F = \sum_{1}^{n} y_n (x_{n+1} - x_{n-1})\,.$$

(Die oberen Vorzeichen gelten bei Zählung der Eckpunkte der Berechnungsfigur im Sinne des Uhrzeigers.) Alle Abszissen und Ordinaten können vor Ausrechnung der Formeln je um eine Konstante verkleinert werden (Verschiebung des Koordinatenursprungs).

Die Formeln hat C. F. Gauss 1790 als 14jähriger Knabe aufgestellt. Sie werden angewendet für nach Koordinaten berechnete Figuren (z. B. Polygonzüge), sowie für nach der Koordinatenmethode aufgemessene Figuren.

Auf das Vorzeichen ist besonders zu achten und die algebraische Summe zu nehmen.

Bei größeren numerischen Aufnahmen wird zunächst die Fläche eines jeden Hauptpolygons (als „Kern") berechnet, wobei die Koordinatenwerte um konstante Beträge gekürzt werden können. Hernach werden die Zu- und Abgänge in Rechnung gestellt.

Zur Ausrechnung dienen bei umfangreicheren Arbeiten 1. Multiplikationstafeln (z. B. die „Rechentafeln" von Crelle-Seeliger, mit Produkten für 3 × 3stellige Faktoren, oder von H. Zimmermann, 2 × 3stellig, und von L. Zimmermann, 2 × 4stellig; dann 2. logarithmische Rechenschieber; endlich 3. Rechenmaschinen (wegen des hohen Preises und der nicht außer Betracht zu lassenden Reparaturen weniger im Gebrauch. — Als „Multiplikationsmaschine", die gegenüber den „Additionsmaschinen" für Flächenberechnungen vorteilhafter erscheint, ist die Type „Millionär" von H. Egli, Zürich, stark verbreitet).

c) Nach der Dreiecksformel bei Kleinaufnahmen nach dem Einbinde- oder Dreiecksverfahren.

$$\text{Dreiecksfläche } \Delta = \sqrt{s(s-a)(s-b)(s-c)}\,, \quad \text{worin}$$
$$s = \tfrac{1}{2}(a+b+c)\,.$$

d) Flächenberechnung für Vielecke (geschlossene Polygonzüge) aus Winkeln und Seiten. (Kommt seltener vor, weil in der Regel Koordinatenrechnung vorliegt.)

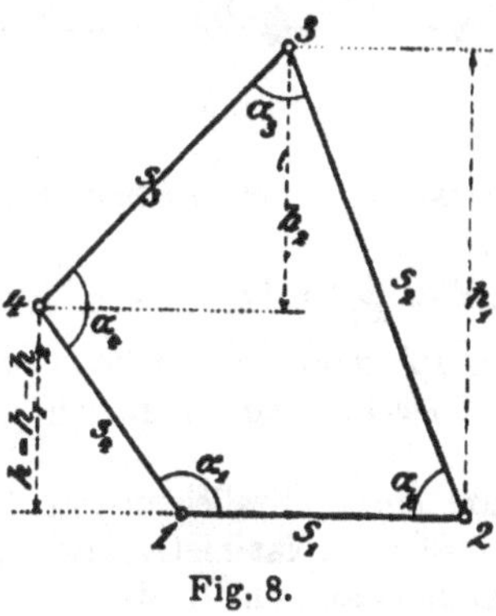

Fig. 8.

Für ein Viereck (Fig. 8) gilt die durch Zerlegen in die Dreiecke 1, 2, 4 und 2, 3, 4 erhältliche Formel:

$$2F = s_1 s_2 \sin \alpha_2 - s_1 s_3 \sin(\alpha_2 + \alpha_3) + s_2 s_3 \sin \alpha_3\,.$$

Für ein Fünfeck mit der Beschreibung im Sinne von Fig. 8 folgt:

$$2F = s_1 s_2 \sin \alpha_2 - s_1 s_3 \sin(\alpha_2 + \alpha_3) + s_1 s_4 \sin(\alpha_2 + \alpha_3 + \alpha_4) + s_2 s_3 \sin \alpha_3 - s_2 s_4 \sin(\alpha_3 + \alpha_4) + s_3 s_4 \sin \alpha_4 .$$

II. Flächenberechnung aus dem Plane (graphisch).

a) Durch Zerlegen der Berechnungsfigur (Parzelle) in Dreiecke und Entnahme von Grundlinien und Höhen mit Zirkel und Transversalmaßstab.

b) Durch Zerlegen nach Parallelen durch alle Eck-

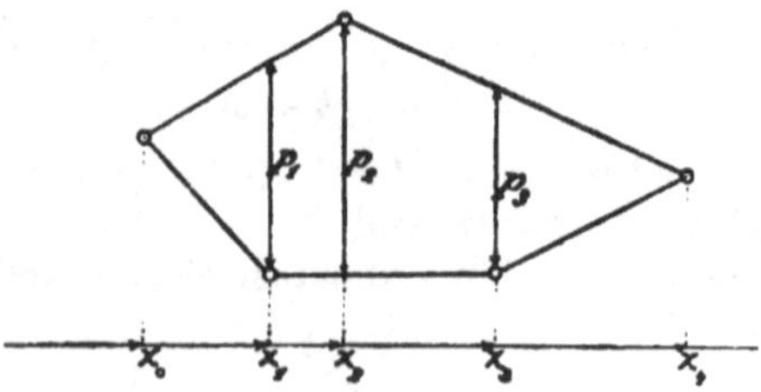

Fig. 9.

punkte in Dreiecke und Trapeze und Abgreifen der notwendigen Maße (Fig. 9):

$$2F = \sum [p_n (x_{n+1} - x_{n-1})] .$$

c) Durch graphische Verwandlung der Vielecke in flächengleiche Dreiecke und Abgreifen der Grundlinien und Höhen.

d) Mit Hilfe eines Parallelennetzes (z. B. auf Pausleinwand[1]; — Streifenplanimeter, Harfen- oder Fadenplanimeter). Äquidistantenmethode.

Die polygonal oder krummlinig begrenzte Figur wird durch Parallele in Trapezstreifen mit fester Breite a

[1] Zelluloid wirft sich!

zerlegt. Man bildet die Summe der Trapezmittellinien μ und erhält die Fläche zwischen den äußersten, die Figur bedeckenden Parallelen mit $a\sum\mu$. (Anwendung eines Additionszirkels; bei großen Flächen eines Papierstreifens, an dessen Kante die Addition mittels Bleistiftmarken durchgeführt wird.)

Diese Streifenmethode bewährt sich z. B. bei der Flächenberechnung von Querprofilen für Bauzwecke. Kleine Unregelmäßigkeiten in der Begrenzung der Figur (z. B. Wassergräben) werden nach aufgelegtem Parallelennetz durch schätzungsweise Ausgleichsgeraden beseitigt. Der Abstand a wird für diese Zwecke mit 1 cm gewählt. (Allenfalls Verwendung von Quadratnetzpapier.) Bei krummliniger Begrenzung der Berechnungsfigur werden seitlich verbleibende Restflächen als Parabelsegmente mit $\frac{2}{3}\mu_0 h_0$ berechnet (μ_0 = Basis, h_0 = Höhe in der Richtung von a).

e) Mit Hilfe eines Quadratnetzes von fester Maschengröße (auf durchsichtigem Stoff, z. B. Pausleinwand, Glas oder auf Quadratnetzpapier). Die innerhalb der Figur gelegenen Quadrate werden abgezählt und die Restflächen in den von der Kontur durchschnittenen Quadraten entweder geschätzt oder aus abgegriffenen Maßen — allenfalls nach entsprechender Flächenverwandlung — bestimmt.

Bei der Ausmessung des Niederschlagsgebietes für einen Flußlauf aus einer Spezialkarte oder Aufnahmesektion wird ein Quadratnetz auf Pausleinwand mit 1 km² Maschengröße verwendet. Die Schätzung der Restflächen auf 0,1 km² wird eine Unsicherheit des Gesamtergebnisses von etwa 1 km² erzielen lassen. — Beim Kataster, wo Hektarquadrate im Gebrauche stehen, ist die genauere Ausmittlung der Restflächen üblich. Als Kontrolle für das Auszählen gilt hier: $v + l + t = 200$ (v = Anzahl der voll bedeckten, l = Anzahl der leeren, t = Anzahl der teilweise bedeckten Quadrate; 200 ha = Fläche der Aufnahmesektion). — Für sehr kleine Flächen liefert das Glasmillimeterquadratnetz eines der besten Mittel der Flächenbestimmung („Glasplanimeter").

f) Mittels Umfahrungsplanimeter (Planimeter im engeren Sinne).

Die verbreitetsten Typen sind: 1. Polarplanimeter (Anwendung mit Pol außen oder innen); 2. Kompensationsplanimeter (Pol- und Fahrarm lassen sich trennen. Die Figur wird in zwei zueinander symmetrischen Lagen des Polarms — mit gleichbleibender Polstellung — umfahren. Das Mittel aus beiden Ergebnissen ist frei vom Fehler der Rollachsenschiefe); 3. Kugelrollplanimeter (liefern besonders genaue Ergebnisse und eignen sich namentlich auch für langgestreckte Figuren ohne Unterteilung. Der Einfluß des verschiedenen Papierkorns auf die Wälzungszahl n ist möglichst ausgeschaltet. Das Gelenk bewegt sich — wie bei den Linealplanimetern — nach einer Geraden; der Pol ist also im unendlichen und man arbeitet stets mit Pol außen).

Für Pol außen ist:

$$\text{umfahrene Fläche } F = n \cdot f .$$

n = Anzahl der Rollenumdrehungen; f = Flächenwert einer Rollenumdrehung, konstant für eine bestimmte Fahrarmlänge a, wird aus Umfahrungen einer Probefläche ermittelt (allenfalls unter Anwendung einer Probeschiene).

Es bedeutet:

$$f = 2\,a\,R\pi = a \cdot u .$$

R = Halbmesser der Meßrolle, u = Umfang derselben.

Die Kenntnis der Konstanten f (sowie des etwaigen Papiereingangs) ist nicht notwendig bei „relativen Flächenmessungen“, wo außer der unbekannten Fläche F eine im gleichen Plan verzeichnete Fläche von bekannter Größe F_1 (z. B. ein Quadrat in einem mit Quadratnetz versehenen Plan) umfahren wird. Es ist dann

$$F = \frac{F_1 \cdot n}{n_1} .$$

Für „Pol innen“ gilt

$$F = n \cdot f + C .$$

C = Konstante = Fläche des „Grundkreises“, der um den Pol mit dem Halbmesser (Pol—Fahrstift) beschrieben wird, wenn die Rollenebene den Pol enthält. Da bei „Pol innen“ zwei Konstante zu bestimmen sind und die Unsicherheit in C mit voller Größe auf F übergeht, wird in der Regel nur „Pol außen“ angewendet. Um dies bei großen Figuren zu ermöglichen, werden sie durch Teilungslinien zerlegt.

Die Planimeter haben feste oder veränderliche Fahrarmlänge. Je kürzer der Fahrarm a, desto kleiner der Flächenwert f und desto genauer das Ergebnis der Flächenbestimmung bei gleich sorgfältiger Arbeit.

Die Aufstellung erfolgt nach Coradi-Zürich am besten so, daß bei „Pol außen“ der Fahrstift zunächst im Schwerpunkt der zu umfahrenden Figur steht und daß gleichzeitig die Rollenebene den Pol enthält; man fährt dann nach einem Kreisbogen mit dem Halbmesser (Pol—Fahrstift) bis zur Kontur und nimmt dort den Anfangspunkt der Umfahrung an.

Bei „Pol innen“ stellt man den Pol in den Schwerpunkt der Figur.

Die Umfahrung soll tunlichst in der Richtung einer Tangente an die Figur beginnen und enden; Ablesefehler bleiben dann ohne Einfluß. Bei allen Figuren, ob geradlinig oder krummlinig begrenzt, umfährt man freihändig; Führung längs Lineals bringt einseitig wirkende Fehler. Aus zwei Umfahrungen in entgegengesetztem Sinne nimmt man das Mittel.

Eine abweichende Flächenformel gilt für die einfachen Stangenplanimeter. Ursprüngliche Form mit Fahrstift und Schneide oder Schneidenrolle von Prytz: $F = l \cdot a$ (l = Stangenlänge, a = Abstand zwischen Anfangs- und Endstellung der Schneide. Der Fahrstift wird vom Schwerpunkt der Figur zu einem Punkt A der Kontur geführt und nach der Umfahrung auf dem gleichen Wege zum Schwerpunkt zurückgeführt. — Verfeinerte Konstruktion („Kompensations-Planimeterstab“) von Schnöckel-Berlin besitzt an dem einen Stabende den „Fahrpunkt“ auf Zelluloidplatte, am anderen Stabende Kugellagerung (mit während der Umfahrung veränderlichem Kugelabstand, also veränderlicher Stablänge) und einen Index zur Ablesung von Anfangs- und Endstellung an einem quergestellten Maßstab. $F = k \cdot a$ (k = Konstante, a = Abstand der Indexstellung am Anfang und Ende der Umfahrung, die in einem Punkte der Kontur beginnt und abschließt). Die Aufstellung des Planimeterstabes erfolgt in Richtung des größten Durchmessers der Figur. Kleine Figuren werden zweimal hintereinander umfahren (Repetitionsmessung). Für eine zweite Kompensationsumfahrung wählt man eine zur ersten senkrechte Aufstellung des Planimeterstabs.

Genauigkeit der Planimeter. Als ungefähres Genauigkeitsmaß kann angenommen werden für Doppelumfahrung (von links nach rechts und entgegengesetzt) der Fläche $F = 100\ \text{cm}^2$ bei gewöhnlichem Polarplanimeter (mit $f = 100\ \text{cm}^2$) der relative Flächenfehler $\frac{\Delta F}{F}$ rund $\frac{1}{500}$, beim Kompensationsplanimeter (mit $f = 10\ \text{cm}^2$, Umfahrung in beiden Lagen), etwa $\frac{1}{2000}$ und beim Kugelrollplanimeter (mit $f = 10\ \text{cm}^2$ und Doppelumfahrung) etwa $\frac{1}{3000}$. Bei größeren Flächen steigt die Genauigkeit, bei kleineren Flächen sinkt sie derart, daß bei $F = 50\ \text{cm}^2$ etwa das Zweifache des angegebenen Fehlerverhältnisses erreicht wird, bei $F = 10\ \text{cm}^2$ etwa das Fünffache.

Langgestreckte Figuren sind im allgemeinen ungünstig. Die Kugelrollplanimeter (mit unendlich großem Polarm) liefern Ergebnisse, die von der Form der Umfahrungsfläche weniger abhängig sind als die Ergebnisse der Planimeter mit endlichem Polarm.

Für Planimeter Prytz und $F = 100\ \text{cm}^2$ kann $\frac{1}{100}$, für Schnöckel etwa $\frac{1}{300}$ angenommen werden.

III. Halbgraphische Flächenberechnung.

Angewendet bei langgestreckten, schmalen Figuren, wie Riemenparzellen, Eisenbahn- und Straßenflächen. Die Breiten (Abstände von Grenzsteinen) werden im

Felde gemessen und als Grundlinien von Dreiecken in Rechnung gestellt, deren Höhen aus dem Plane abgegriffen werden. Die Genauigkeit liegt zwischen jener der numerischen und der rein graphischen Flächenbestimmung.

§ 32. Papiereingang.

Durch Verminderung des Feuchtigkeitsgehaltes zieht sich Papier zusammen. Der „lineare Papiereingang" wird aus bekannten Längen (des Sektionsrechteckes, Quadratnetzes oder Maßstabes) ermittelt. Ist z. B. die mittlere Breite eines Rechteckes statt 64 nur 63,46 cm, die mittlere Höhe statt 50 nur 49,75 cm, so ist der Breiteneingang $p = 54 : 64 = 0{,}84\%$, der Höheneingang $q = 0{,}50\%$ Der Flächeneingang ist $(p + q)\%$. (Bei alten Plänen 3% und mehr.) Um dieses Maß ist die berechnete Fläche zu klein. (Man spricht dann vom „Zuschlag" für 1 cm² Zeichnung, bzw. 1 a oder 1 ha Feldfläche.) Der Papiereingang wird nur zur Hälfte berücksichtigt bei Flächenbestimmungen, wo der eine Faktor aus der Zeichnung entnommen, der zweite Faktor als Naturmaß in Rechnung gestellt wird.

§ 33. Kontrolle und Fehlergrenzen für Flächenberechnungen.

Alle Flächenberechnungen sind zu kontrollieren. Einzelparzellen werden nach unabhängigen Methoden aufgenommen, z. B. nach der Koordinatenmethode Ia und nach der Dreiecksmethode Ic oder man verwendet die Koordinatenmethode in bezug auf zwei (parallele) Aufnahmeachsen mit unabhängigen Messungszahlen. Die Berechnung ganzer Sektionen erfolgt vom Großen ins Kleine. Bei Aufnahmen nach dem numerischen Verfahren werden zunächst die innerhalb von Polygon- und

Messungslinien (allenfalls Sektionsrandlinien) gelegenen Flächengruppen (Parzellenblöcke) als „Aufnahmegruppen" aus Koordinaten doppelt gerechnet, bei Meßtischaufnahmen entsprechend begrenzte Rechnungsgruppen. Diese Flächengruppen sollen (ohne Rücksicht auf den Maßstab) etwa 5—8 dm^2 groß sein. Die Summe der Flächen aller Aufnahme- oder Rechnungsgruppen ist bekannt (200 ha); die Ausgleichung erfolgt nach der Teilregel. Dann werden die doppelt berechneten Einzelflächen eines jeden Parzellenblocks nach der Teilregel auf den Sollbetrag ausgeglichen.

Bei Doppelberechnung nach Methoden mit gleichem Gewicht gilt das arithmetische Mittel als Inhalt einer Fläche. Erfolgt hingegen die erste Berechnung aus Naturmaßen, die zweite graphisch (Hektarquadrate, Planimeter), so ist das erste Ergebnis maßgebend, das zweite nur Kontrolle. Beim Kataster ist die graphische Bestimmung von Parzellen bis zu 1 a unzulässig.

Als Fehlergrenze für die auf verschiedenen Wegen durchgeführte Doppelberechnung der Einzelparzellen gilt in den Nachfolgestaaten Österreichs (J. f. P. und J. f. M.):

$$\Delta F = 0{,}001\, F + 0{,}50 \sqrt{F}; \quad F \text{ in Quadratmetern.}$$

Für Pläne in größerem Maßstab als 1 : 2500 wird der Faktor von $\sqrt{F}$ kleiner; für 1 : 1000 gilt z. B.

$$\Delta F = 0{,}001\, F + 0{,}20 \sqrt{F}.$$

Die zulässige Abweichung (Fehlergrenze) zwischen den Ergebnissen der Einzel- und der Gruppenberechnung richtet sich nach der durchschnittlichen Parzellengröße und nach dem Maßstabe.

Durchschnittliche Parzellengröße	Maßstab	
	1:2500	größer als 1:2500
Unter 0,5 ha	1,0 $\varDelta F$	0,9 $\varDelta F$
0,5 bis 1 ha	0,9 $\varDelta F$	0,8 $\varDelta F$
1 ha und darüber	0,8 $\varDelta F$	0,7 $\varDelta F$

$\varDelta F$ bedeutet die für die betreffende Flächengruppe entfallende Fehlergrenze nach $\varDelta F = 0{,}001\, F + 0{,}50 \sqrt{F}$. (Für das Sektionsrechteck mit 200 ha ist $\varDelta F = 2707\ \text{m}^2$. Dies ist die Fehlergrenze für die Summe aller Einzelparzellen mit der Durchschnittsgröße unter 0,5 ha.)

In Preußen gilt als Fehlergrenze für Kleinmessungen:

$$\varDelta F = 0{,}01 \sqrt{60\, F + 0{,}02\, F^2} \quad (\varDelta F \text{ und } F \text{ in Quadratmet.}).$$

Diese Formel gilt allgemein für alle Planmaßstäbe und beliebige Bodenwerte. Vielfach wird aber eine Abstufung nach Planmaßstäben namentlich bei hochwertigem Stadtboden für nötig erachtet (z. B. Stadtvermessung Minden i. W.: verschiedene Koeffizienten bei 1 : 1000, 500, 250).

Die gleiche Form der amtlichen Fehlergrenze wie in Preußen, nämlich $(\varDelta F)^2 = \alpha F + \beta F^2$ findet sich in Baden, Bayern und Elsaß-Lothringen.

Die Form $\varDelta F = \alpha F + \beta \sqrt{F}$ findet sich außer in den Nachfolgestaaten Österreichs in Sachsen und Württemberg.

Die Form $\varDelta F = \alpha \sqrt{F}$ (Schweiz und Stadtvermessung Berlin) trifft theoretisch zu, wenn die Längen, die zur Flächenbestimmung führen, aus der Karte entnommen werden (Längenfehler unabhängig von den Längen). Vgl. Pfitzer u. Eggert in Z. f. V. 1921.

§ 34. Teilung und Grenzregelung bei Grundstücken verschiedener Bonität.

Für ein Grundstück mit Fläche F, Bonität B (Wert der Flächeneinheit) gilt die Formel:

$$\text{Wert } W = F \cdot B\,.$$

Beim Vergleich zweier Grundstücke gilt:

$$W : W' = F B : F' B' .$$

Bei der Teilung und Grenzregelung führt man die Flächen ungleicher Bonität auf Flächen einheitlicher Bonität 1 zurück. Mit:

$$W = F \cdot B = a \cdot 1$$

(a = Fläche mit der Bonität 1) wird dann:

$$F = \frac{a}{B} .$$

Nach dieser Formel ergibt sich die tatsächliche Fläche F (mit der bekannten Bonität B) aus der theoretischen Fläche a (mit der Bonität 1).

V. Konstante an Bestandteilen der Instrumente.

§ 35. Libellen.

1. Röhrenlibellen. Die Libellenachse ist die im Spielpunkt (Markenpunkt) M an den „Hauptschnitt" gezogene Tangente.

Der Strichabstand (Teilwert) t ist in der Regel eine Pariser Linie (rund 2,26 mm), in neuerer Zeit vielfach 2 mm.

Der Libellenausschlag n (Abstand des Blasenmittelpunktes B vom Spielpunkt M, ausgedrückt durch die Anzahl der Skalenteile) ergibt den Neigungswinkel α der Libellenbasis mit:

$$\alpha'' = n\left(206265 \frac{t}{r}\right) = n \cdot \tau'' .$$

τ = Libellenangabe, Winkelwert pro Skalenteil oder Teilwert der Libelle.

Der Krümmungshalbmesser $r = 206265 \frac{t}{\tau}$.

Je kleiner τ, um so empfindlicher die Libelle, und um so größer ihr Krümmungshalbmesser. Bei $t = 1$ Pariser Linie haben Meßtischlibellen τ = etwa 2 bis 1′, r = rund 4 bis 8 m; Libellen mittlerer Empfindlichkeit $\tau = 15''$, r = rund 44 m; feinste Libellen an Stativinstrumenten τ = etwa 5″, r = 93 m (nahe 100 m).

Der Libellenausschlag n ist bei abgesetzter (unterbrochener) Teilung gleich dem Libellenstand:

$$n = \frac{r - l}{2} \text{ oder } \frac{l - r}{2} \text{ je nachdem } r > l \text{ oder } l > r.$$

(r und l sind die Ablesungen am rechtsseitigen und linksseitigen Blasenrand.)

Bei durchlaufender Teilung erhält man den Libellenausschlag, indem man vom Libellenstand $\frac{r + l}{2}$ (d. i. hier der Abstand der Blasenmitte vom Nullpunkt der Teilung) die dem Markenpunkt zukommende Ablesung M in Abzug bringt:

$$n = \frac{r + l}{2} - M.$$

Bei unveränderlicher Lagerung der Libelle gelingt das Einstellen der Blase auf den Spielpunkt etwas schärfer als das Ablesen der Blasenstellung bei nicht einspielender Libelle. Professor Dr. Reinhertz fand den mittleren Einstellfehler mit $\pm 0{,}1 \sqrt{\tau}$, den mittleren Ablesefehler mit $\pm 0{,}2 \sqrt{\tau}$. Weil aber bei Feldbeobachtungen die Unveränderlichkeit der Libellenbasis nicht verbürgt ist, setzt Professor Lorber den Einstell- und Ablesefehler praktisch gleich groß mit $\pm 0{,}2 \sqrt{\tau}$.

Die Blasenlänge soll am besten gleich sein der halben Länge der Libellenteilung. Bei steigender Temperatur wird die Blasenlänge kleiner. Kleine Blasen sind träge, geben unsichere Einstellungen („kleben", „ziehen nach").

Die Bestimmung von τ erfolgt auf dem Libellenprüfer (Lege- oder Justierbrettchen), dessen Konstante k

(Winkelwert für eine Schraubenumdrehung) bekannt sein muß.

$$k = 206265 \frac{s}{d}$$

(s = Ganghöhe der Meßschraube, d = senkrechter Abstand der Meßschraube von der Verbindungslinie der zwei gewöhnlichen Fußschrauben.)

Für feste Libellen auf Nivellierfernrohren erfolgt die Bestimmung von τ durch Ablesen eines n Libellenteilen entsprechenden Lattenabschnittes L in bekannter Entfernung E. Es ist dann:

$$\tau'' = 206265 \frac{L}{n E} \cdot$$

Feine Neigungsbestimmung mit Libelle (Abnivellieren von Fernrohrachsen). Aus zwei Lagen einer Libelle folgt nach Ablesen der Libellenränder rechts (r) und links (l) vom Beschauer — unabhängig von einem etwaigen Libellenfehler (Libellenachse nicht streng parallel zur Libellenbasis) — der wahre Neigungswinkel:

$$a = \frac{a_1 + a_2}{2}; \quad \left(a_1 = \frac{r_1 - l_1}{2} \cdot \tau''; \quad a_2 = \frac{r_2 - l_2}{2} \cdot \tau''\right)$$

oder

$$a'' = \frac{\tau''}{4} \left[(r_1 + r_2) - (l_1 + l_2)\right] \cdot$$

wenn $r_1 > l_1$ und $r_2 > l_2$ (rechtsseitiges Lager der Fernrohrachse höher als das linksseitige Lager).

2. Dosenlibellen. Teilwert gewöhnlich etwa 5′ auf eine Pariser Linie ($r = 1{,}5$ m). Die Lotrechtstellung von Stehachsen und Latten erfolgt mit einem mittleren Fehler von $\pm\, ^1/_2$—1′.

Nach Samel (Z. f. V. 1911) kann eine hohe Einstellgenauigkeit (rund 20″ bei Dosenlibellen mit 1 m Radius) erreicht werden, wenn beim Einspielen der kreisförmige Blasenrand mit dem scharf verzeichneten Markenkreis weder zusammenfällt, noch von ihm zu weit absteht: Am besten ist ein Abstand von etwa $^1/_2$—1 mm. Die Mollenkopfschen Dosenlibellen (aus einem einzigen Glaskörper) sind wegen Unveränderlichkeit dieses Abstandes anderen Dosenlibellen, wo die Verdunstung der Füllflüssigkeit die Größe der Blase verändert, vorzuziehen.

§ 36. Linsen.

Carl Friedrich Gauss hat 1840 die grundlegende Theorie für zentrierte Linsensysteme gegeben (Gauss Werke, Bd. V). Danach lassen sich Bildweite und -größe zu gegebener Gegenstandsweite und -größe berechnen oder konstruieren, wenn die vier optischen Kardinalpunkte gegeben sind, nämlich der objektseitige (vordere) Brennpunkt F_1, der bildseitige (hintere) Brennpunkt F_2, der erste Hauptpunkt H_1 und der zweite Hauptpunkt H_2. Die Strecken $F_1 H_1$ und $F_2 H_2$ sind die Brennweiten. Diese sind gleich, wenn das Linsensystem beiderseits an das gleiche brechende Mittel (z. B. Luft) grenzt.

Beim Auge durchdringen die Lichtstrahlen aufeinander folgend die Hornhaut, das Kammerwasser, die Linse und den gallertartigen „Glaskörper", der bis zur Netzhaut reicht. Das aus Hornhaut, Kammerwasser und Linse bestehende optische System grenzt also auf der einen Seite an Luft, auf der anderen an den Glaskörper: Die Brennweiten sind daher ungleich; die vordere ist beim normalsichtigen Auge rund 17 mm, die hintere rund 23 mm. Beim Nahblick nehmen die Brennweiten infolge verstärkter Krümmung der Linse ab bis 14 bzw. 19 mm. Die Fähigkeit der Gestaltsänderung von Linse und Augapfel (Akkommodationsvermögen) ist im Alter von 10 Jahren am größten; ein normales Auge sieht in diesem Alter von unendlich (Fernpunkt) bis 7 cm (Nahpunkt), im Alter von 40 Jahren von ∞ bis 22 cm, im Alter von 60 Jahren von ∞ bis 1 m heran.

Bei Glaslinsen, wo nach Gegenstands- und Bildraum die gleichen Brechungsexponenten wirken, fallen die Hauptpunkte mit den beiden „Knotenpunkten" zusammen, welche die Hauptstrahlen (mit Parallelverschiebung) enthalten. (Der Begriff „optischer Mittelpunkt" gilt näherungsweise, indem man sich die Knotenpunkte zusammenfallend denkt.)

Eine Linse mit möglichst verminderter Kugelabweichung heißt Linse der besten Form. (Eine plankonvexe Linse, die ihre ebene Fläche dem Bilde zuwendet, kommt ihr sehr nahe.) Zusammengesetzte Linsen mit behobener Farbenabweichung heißen achromatisch. Ein Linsensystem, bei dem die sphärische und die chromatische Abweichung möglichst behoben sind, heißt aplanatisch.

Für zwei Linsen mit den Brennweiten f_1 und f_2 und dem Abstand a ist die Äquivalentbrennweite f:

$$f = \frac{f_1 f_2}{f_1 + f_2 - a} .$$

Die erste dioptrische Hauptformel für eine Sammellinse (oder eine Linsenkombination) ist:

$$\frac{1}{g} + \frac{1}{b} = \frac{1}{f}$$

die zweite dioptrische Hauptformel ist:

$$G : B = g : b .$$

(g = Gegenstandsweite, b = Bildweite, G = Gegenstandsgröße, B = Bildgröße.)

Bildweite $b = \frac{f}{g - f} \cdot g$; Bildgröße $B = \frac{f}{g - f} \cdot G$.

Für Zerstreuungslinsen lautet die erste dioptrische Hauptformel:

$$\frac{1}{g} - \frac{1}{b} = - \frac{1}{f}$$

für die Lupe:

$$\frac{1}{g} - \frac{1}{b} = \frac{1}{f} .$$

Die Dioptrie. Der Umkehrwert der Brennweite heißt Brechkraft der Linse. Die Einheit für diese Brechkraft $\left(\frac{1}{f}\right)$ wird von einer Linse mit 1 m Brennweite gegeben und heißt Dioptrie. Eine Linse mit 25 cm Brennweite hat vier Dioptrien Brechkraft, eine Linse von 2 m Brennweite eine halbe Dioptrie. Bei Zerstreuungslinsen ist die Brennweite (hier besser „Zerstreuungsweite") negativ, daher auch der Wert der Dioptrien. Für eine Linsenkombination ist die Zahl der Dioptrien gleich der Summe der Dioptrien der Einzellinsen (Wird z. B. eine Sammellinse von 0,25 m Brennweite mit einer Zerstreuungslinse von 0,5 m Brennweite zusammengesetzt, so folgt die Brechkraft der Linsenkombination mit $+4-2=+2$ Dioptrien, also die Brennweite der Linsenkombination mit 0,5 m).

§ 37. **Lupen** (Vergrößerungsgläser).

Die Vergrößerungszahl v ist das Verhältnis der Sehwinkel, unter welchen eine Strecke einerseits durch die Lupe, andererseits mit freiem Auge (in günstiger Sehweite s, also bei normalem Auge in etwa 25 cm Abstand) erscheint:

$$v = \frac{s}{g}$$

(s = deutliche Sehweite, g = Abstand des Objektes vom Auge, also Gegenstandsweite.) Ist das Objekt im vorderen Brennpunkt der Lupe, so ist für normalsichtige Augen (s = 25 cm):

$$v = \frac{25}{f}\ ; \quad (f \text{ in cm}).$$

Lupen zur Ablesung von Kreisteilungen haben meist v = 6- bis 8fach. Kurzsichtige, die keine Augengläser tragen, müssen die Lupe näher an den Gegenstand rücken (wegen kleinerem s).

§ 38. **Das zusammengesetzte Fernrohr.**

Objektiv und Okular bestehen aus Linsenkombinationen. Das Objektiv hat nach außen eine bikonvexe Kronglaslinse (bleifrei, mit geringem Brechungs- und Zerstreuungsvermögen), nach innen eine bikonkave oder konkavkonvexe Flintglaslinse (bleihaltig, mit hohem Brechungs- und Zerstreuungsvermögen) und ist dadurch achromatisch. Beim Okular werden Kugel- und Farbenabweichung durch zwei getrennte Linsen (Augenlinse und Kollektivlinse) beseitigt; überdies werden die Randstrahlen durch den Blendring (das Diaphragma) abgehalten. Der Blendring trägt beim Zielfernrohr das Faden- oder Strichkreuz. Es gibt zwei Hauptformen des Doppelokulars:

1. Huygens (1684) mit dem Bilde (bzw. Blendring und Fadenkreuz) zwischen den Linsen. Beide plankonvexen Linsen kehren ihre gekrümmte Seite dem Objekte zu. Bei älteren Instrumenten ist der Abstand zwischen Kollektiv und Augenglas fest, Blende mit Fadenkreuz mit Hand verschiebbar (schwerfällig), bei neueren Instrumenten bleibt Kollektiv und Fadenkreuz fest und das Augenglas wird für sich eingestellt.

2. Ramsden (1783) mit dem Bilde (bzw. Blendring und Fadenkreuz) vor den beiden plankonvexen Linsen, die ihre gekrümmten Seiten zueinander kehren und die gemeinsam als Doppellupe auf das Fadenkreuz eingestellt werden.

(Bei gleicher Vergrößerung gibt Huygens größeres Gesichtsfeld und größere Helligkeit als Ramsden. Ramsden ermöglicht stärkere Vergrößerung. Bei Huygens wird der Abstand der Linsen geändert und dadurch die optische Eigenschaft der Kombination; das Fadenkreuz wird nur durch eine Linse betrachtet, das Doppelokular wirkt also nur auf das Bild vervollkommnend, während die Fäden namentlich gegen den Rand weniger scharf erscheinen. Als Distanzmesser- und Mikrometerokular ist daher Ramsden vorzuziehen.)

Die Grundform von Ramsden haben auch das Okular von Steinheil (München), wo Kollektiv und Augenglas Achromate sind, dann das bei den meisten

Feininstrumenten verwendete, namentlich von Hensoldt verbesserte orthoskopische Okular von Kellner (Wetzlar), wo das Augenglas aus einer achromatischen Doppellinse und das Kollektiv aus einer bikonvexen Linse der besten Form besteht, und das „Euryskop" von Hensoldt (Wetzlar), wo wieder Kollektiv und Augenlinse Achromate sind. Das Euryskop ist gegenwärtig das vollkommenste Doppelokular.

Die Vergrößerung v ist das Verhältnis zweier Gesichtswinkel:

$$v = \frac{\sigma_1}{\sigma}. \tag{1}$$

σ_1 = Sehwinkel im Fernrohr, σ = Sehwinkel beim Betrachten des Gegenstandes mit freiem Auge.

Man richtet eine Horizontalvisur auf eine Nivellierlatte im Abstand g, betrachtet mit einem Auge einen bestimmten Lattenabschnitt G und stellt gleichzeitig mit dem anderen Auge einen Spitzzirkel in der deutlichen Sehweite s auf die scheinbare Bildgröße B ein. Dann ist $\sigma = G : g$ und $\sigma_1 = B : s$.

Näherungsweise ist $v = \frac{F}{f}$. (2

F = Objektivbrennweite, f = Okularbrennweite bzw. Äquivalentbrennweite des Doppelokulars.

Die Vergrößerung v beträgt bei kleinen Instrumenten etwa 10, 12, bei mittleren 18, 22, 24, bei großen Theodoliten und Nivellieren 30—40, bei Theodoliten für Triangulierung 1. Ordnung auch 50. Die zulässige stärkste Vergrößerung hängt von der Klarheit, Sichtigkeit, Ruhe der Luft ab. (Für neuere Fernrohre mit Ramsdenschem Okular gilt als ungefähre Regel, daß die Objektivöffnung so viele Millimeter mißt wie die Objektivbrennweite Zentimeter, und daß die gleiche Zahl auch ungefähr die Vergrößerung v ergibt.)

Das Gesichtsfeld γ ist die Winkelöffnung des kegelförmigen Raumes, der durch das festgehaltene Fernrohr übersehen wird. Es ist abhängig vom Durchmesser der

Blendenöffnung und vom Abstand der Blende vom Objektiv.

Zur praktischen Bestimmung richtet man eine Horizontalvisur auf eine vertikale Latte in der Entfernung E, entnimmt den Lattenabschnitt L, der dem Durchmesser des Gesichtsfeldes zukommt und hat dann in Minuten:

$$\gamma = 3438 \frac{L}{E} \cdot$$

Das Gesichtsfeld ist umgekehrt proportional der Fernrohrvergrößerung. (Ist z. B. bei $v = 10$ das $\gamma = 2^0 50'$, so ist bei $v = 40$ das $\gamma =$ rund $40'$.)

Die **Helligkeit** h ist das Verhältnis der Lichtmengen, die von einem Gegenstande bei Beobachtung einerseits durch das Fernrohr, andererseits ohne Fernrohr ins Auge gelangen:

$$h = \frac{1}{P^2} \cdot \frac{O^2}{v^2} \cdot$$

$O =$ Objektivöffnung, $v =$ Vergrößerung, $P =$ Pupillendurchmesser.

(Für $P = 2$ mm, $O = 40$ mm und $v = 20$ wird „natürliche Helligkeit" erreicht, bei $v = 40$ sinkt h auf $\frac{1}{4}$.)

Die **Deutlichkeit** eines Fernrohrs gibt den Grad für die Schärfe der Bilder. Sie entspricht dem Maße der Beseitigung der Abweichungen. Zur Prüfung verwende die **Fraunhofersche** Prüfungstafel (mit Kreis, Dreieck und Quadrat), allenfalls Mond- und Planetenränder, entfernte Lattenteilungen, Druckschriften. (Die Bilder müssen scharf begrenzt und farblos erscheinen.)

§ 39. Sehschärfe.

1. **Beim freien Auge.** Die vor der Augenlinse befindliche Iris (Regenbogenhaut) ist eine Art Blende, die durch den Schließmuskel mehr oder weniger weit

geöffnet wird. Die Änderung der Irisöffnung (Pupille, Sehloch) regelt die Lichtzufuhr: Bei großer Helligkeit ist der Pupillendurchmesser etwa 2 mm, bei Dunkelheit (astronomische Beobachtung) etwa 6—8 mm. Bei Erweiterung der Pupille wird die Meßgenauigkeit (Sehschärfe) etwas beeinträchtigt, weil die Abweichungen der Augenlinse hervortreten.

Der kleinste Seh- oder Gesichtswinkel σ (physiologischer Grenzwinkel), der einen Gegenstand gerade noch sehen läßt, ist bei mittlerer Beleuchtung im allgemeinen etwa $30''$. Farbe und Gestalt des Gegenstandes und Farbe des Hintergrundes haben Einfluß. Für schwarzen Punkt auf weißem Grunde ist $\sigma = 50''$, für glänzenden Silberdraht auf dunklem Grunde sowie Spinnfäden in reflektiertem Lichte $\sigma = 2$ bis $3''$. Verfasser fand für schwarzen Strich auf weißem Grunde bei guter Beleuchtung $\sigma = 14''$, für weißen Strich auf schwarzem Grunde $8''$, so daß man für mit Kalkmilch angestrichene Stangensignale auf dunklem Grunde $\sigma = 10''$ setzen kann.

Der kleinste Sehwinkel eines Auges ergibt dessen „Sehschärfe".

Der Arzt definiert die Sehschärfe als einen Bruch; im Zähler steht die Entfernung, auf welche ein Probebuchstabe vom zu untersuchenden Auge gesehen wird, im Nenner die Entfernung, auf welche die gleiche Schriftprobe vom normalen Auge gesehen wird. Bei Sehschärfe $^6/_{12} = {}^1/_2$ wird Schriftprobe Nr. 12, die ein normales Auge auf 12 m sieht, vom Beobachter auf 6 m gesehen.

2. Sehschärfe eines Fernrohres ist der kleinste Sehwinkel, der diesem Fernrohr zukommt. Die Prüfung erfolgt an Kreisen mit zunehmendem Durchmesser d oder an Streifen mit zunehmender Breite d. Für die Sichtweite E folgt

$$\text{Sehschärfe } \varepsilon'' = 206265 \frac{d}{E} \cdot$$

Sehschärfe und Vergrößerung sind hauptsächlich bestimmend für die optische Leistungsfähigkeit eines Fernrohres. Ein Fernrohr mit kleinerem Sehwinkel ε gibt die größere absolute Leistungsfähigkeit. Ein Fernrohr, dessen Produkt $\varepsilon \cdot v$ dem kleinsten Sehwinkel des freien Auges (etwa 10″) am nächsten kommt, hat die größte relative Leistungsfähigkeit.

VI. Zu Feldarbeiten.

§ 40. Genauigkeit im Vertikalstellen von Fluchtstäben.

Mit Senkel bei geraden Stäben und sorgfältiger Arbeit $^1/_2$—$^1/_3{}^0$ (20′), mit Libellenstabrichter noch etwas genauer. Für $^1/_2{}^0$ und 4 m Stablänge folgt rund 4 cm Abweichung der Spitze von der Vertikalen durch den Fußpunkt.

§ 41. Genauigkeit im Ausfluchten von Geraden.

Das Einweisen von Zwischenpunkten mit freiem Auge innerhalb kürzerer Strecken bis etwa 100 m Endpunktdistanz erfolgt bei sorgfältiger Arbeit für jeden Punkt auf etwa 1 cm (halbe Stabdicke) genau (Winkelfehler etwa 0,7′).

§ 42. Maßgenauigkeit für Meßlatten und Meßbänder.

Die zulässige Höchstabweichung vom Nennmaße beträgt in den österreichischen Nachfolgestaaten[1]:

für 20 m-Stahlbänder	. . 3,5 mm,	in Preußen[2]	3,5 mm,
5 m-Meßlatten	. . . 3,0 „	„ „	1,6 „
3 m-Meßlatten	. . . 1,75 „	„ „	1,3 „

[1] Eichordnung, R.G.B. 171, 1872.
[2] Katasteranweisung X, 1881.

Präzisionsmaßstäbe von
1 m Länge . . . . 0,1 mm
Präzisionsmaßstäbe von
0,5 und 0,2 m Länge 0,05 „

Bei den Holzlatten verursacht Feuchtigkeitswechsel Längenänderungen bis zu 0,5 mm pro Meter. Im allgemeinen sind 5 m-Latten vorzuziehen; besondere Umstände, wie ungünstige Beförderungsverhältnisse oder Staffeln in starkem Gefälle, können aber kürzere Latten erfordern.

§ 43. Fehlerfortpflanzung und Genauigkeit bei direkten Längenmessungen.

Konstante Fehler, wie Anlege- und Ablesefehler, sind von der Meßlänge unabhängig, regelmäßige Fehler begründen das „Prozentgesetz", unregelmäßige Fehler das „Quadratwurzelgesetz". Die allgemeine Form für den Gesamteinfluß der Fehler ist demnach: $\mu + \mu_0 s + \mu_1 \sqrt{s}$. Je nachdem die regelmäßigen oder die unregelmäßigen Fehler überwiegen, genügt meist das Prozentgesetz oder das Quadratwurzelgesetz als genähertes Fehlerfortpflanzungsgesetz.

Als Genauigkeitsmaß wird zunächst vielfach das „relative Fehlerverhältnis" (F.V.) gebraucht. Da dieses aber nur dem Prozentgesetz entspricht, sollte stets die Meßlänge beigesetzt werden. Denn $^1/_{2000}$ gibt z. B. für 10 m eine vielfach befriedigende, für 100 m aber ziemlich geringe Genauigkeit. Das F.V. $^1/_{10000}$ zu 200, 300 m Länge (1 cm auf 100 m) ist auf Stadtboden leicht erreichbar, sowohl mit Meßlatten, als auch mit Feinstahlmeßband bei Benutzung von Anreihevorrichtung, Zugwage und Berücksichtigung von Temperaturänderungen.

Bei Doppelmessungen haben die Abweichungen den Charakter zufälliger Fehler, weshalb das Quadratwurzelgesetz zugrunde gelegt werden kann. Für *n* Doppelmessungen verschiedener Strecken s ergibt sich aus den Differenzen d die mittlere Differenz:

$$d = \pm \sqrt{\frac{1}{n}\left[\frac{d^2}{s}\right]},$$

hiernach der mittlere unregelmäßige Fehler einer Einzelmessung der Längeneinheit (1 m eventuell 100 m):

$$\mu_1 = \pm \frac{d}{\sqrt{2}}$$

und der mittlere Fehler einer Doppelmessung

$$\mu_2 = \pm \frac{\mu_1}{\sqrt{2}}.$$

Jordan erhielt für Polygonseiten (Stadtvermessung Linden und Hannover) mit stumpfen und mit Schneidenlatten $d = 1$ cm auf 100 m, somit $\mu_1 = 0{,}0007$, also den mittleren unregelmäßigen Fehler einer Einzelmessung:

$$m_1 = 0{,}0007\sqrt{s} \quad \text{oder} \quad 0{,}7 \text{ cm auf } 100 \text{ m}.$$

Danach ist

für Länge	$s =$	50 m	100 m	200 m	300 m
mittl. Differenz	$d =$	7 mm	10 mm	14 mm	17 mm
m. F. einer Einzelmessung	$m_1 =$	5 mm	7 mm	10 mm	12 mm
F.V. einer Einzelmessung		$^1/_{10000}$	$^1/_{14000}$	$^1/_{20000}$	$^1/_{25000}$

Lorber fand für 4 m Latten längs gespannter Schnur:

$$m_1 = 0{,}0005\sqrt{s} \quad \text{oder} \quad 0{,}5 \text{ cm auf } 100 \text{ m},$$

für 4 m-Latten ohne Schnur, abgerundet:

$$m_1 = 0{,}001\sqrt{s} \quad \text{oder} \quad 1 \text{ cm auf } 100 \text{ m},$$

für 20 m-Stahlband mit Ziehstäben (ohne Zugwage)[1]:

$$m_1 = 0{,}002\sqrt{s} \quad \text{oder} \quad 2 \text{ cm auf } 100 \text{ m}.$$

Doležal stellt folgende Mittelwerte für μ_1 auf: Lattenmessung mit gespannter Schnur 0,001; Lattenmessung ohne Schnur 0,003; 20 m-Stahlband 0,005; Leinenmeßband und Meßschnur 0,013.

---

[1] Als mittlere Zugspannung bei Ziehstäben kann 10 kg angenommen werden.

Löschner fand für 20 m-Feinstahlband (mit Hand geführt) bei Verwendung seiner Anreihevorrichtung (R. & A. Rost-Wien) und Salters Zugwage[1] sowie bei Berücksichtigung des Temperatureinflusses auf ebenem Boden, wobei die Meßrichtung entweder abgeschnürt, abgekreidet oder von acht zu acht Schritt durch Andreaskreuze verzeichnet war[2]:

$$m_1 = 0{,}0002\sqrt{s} \quad \text{oder} \quad 0{,}2 \text{ cm auf } 100 \text{ m}.$$

Den gleichen mittleren Fehler (0,2 cm auf 100 m) fand Professor Rebstein (Stadtvermessung Zürich) bei Lattenmessungen längs Abschnürung.

Für das Meßrad wird angegeben:

auf Eisenbahnschienen

$$m_1 = 0{,}003\sqrt{s} \quad \text{oder} \quad 3 \text{ cm auf } 100 \text{ m},$$

auf gut gepflasterter Straße

$$m_1 = 0{,}010\sqrt{s} \quad \text{oder } 10 \text{ cm auf } 100 \text{ m}.$$

(Über amtliche Fehlergrenzen siehe § 29.)

§ 44. Zur Längenmessung geneigter Strecken.

Die Reduktion beträgt, wenn l = Länge des schiefliegenden Meßwerkzeugs oder der schiefen Meßstrecke:

$$l - l\cos\alpha = 2\,l\sin^2\frac{\alpha}{2}$$

[1] Zugspannung 3—5 kg. Stärkerer Zug bringt bei freihändigem Halten auf glattem Klinkerpflaster Unsicherheit durch Gleiten; vgl. Z. f. V. 1912, S. 639.

[2] Temperaturreduktion: Ist L_e = Eichlänge bei bestimmter Spannung und Eichtemperatur, t = (Meßtemperatur — Eichtemperatur), so ist Maßwert $L_t = L_e(1 + \alpha t)$. Bei n Meßbandlagen und dem abgelesenen Reststück r ist die Streckenlänge

$$L = n L_t + r\frac{L_t}{20}.$$

Die Fehlerquelle wegen Temperaturänderungen während der Messung wird ausgeschaltet durch Messung bei trübem Wetter oder im Schatten (in Amerika Nachtmessungen), oder aber durch Messung mit dem freilich viel kostspieligeren und in der Behandlung heikleren Invarband. Die Temperatur eines in der Sonne liegenden Stahlbands kann die Lufttemperatur bemerkenswert übersteigen.

(Zur Ausrechnung können Tabellen dienen.)

Bei ungleichförmig geneigtem Meßboden gilt für Latten die Regel: Stabachse an Stabachse zu bringen (Schneidenlatten vorteilhaft). Gewöhnliche Latten mit senkrechten Endflächen bringen hier Fehler durch Klaffen. Achtung vor dem Durchbiegen der Latten! Bei ungleichförmigen größeren Neigungen, namentlich über 10°, wo auch Fehler der Neigungsmessung schon größeren Einfluß nehmen, kommt Lattenmessung mit Absenkeln (Staffeln) in Frage.[1] Der abgesenkelte Punkt kann hier durch Löschners Anreihevorrichtung festgehalten werden (Stadtvermessung Bruck a. Mur 1911, Obergeom. Beyer).

Bei einzelnen Längenmessungen (z. B. Grundlinien für Kleintriangulierungen) empfiehlt sich auf unebenem Boden oft Lattenmessung längs in der Luft über Pflöcken gespannter Schnur oder Messung mit Latten oder Stahlband auf einer Meßbrücke. Die Endpunkte, gegebenenfalls noch zwischenliegende Höhenbruchpunkte, werden abnivelliert. Für den auf stetig geneigten Boden mit der schiefen Länge l sich beziehenden Höhenunterschied h ist die auf den Horizont reduzierte Länge l':

$$l' = l - \frac{h^2}{2l}.$$

§ 45. Genauigkeit der einfachen Winkelabstecker.

Neben dem unregelmäßigen Fehler kommt wohl jedem Instrumentchen ein konstanter Fehler zu, der stets in gleichem Sinne wirkt und nach Lorber bei der Winkeltrommel größer ist als bei Winkelspiegel und Winkelprisma. Der mittlere Gesamtfehler sinkt bei sehr sorgfältiger Arbeit mit Winkelspiegel und Winkeltrommel bis 2′, beim dreiseitigen und beim fünfseitigen Winkelprisma bis 1′. In der Praxis ist aber nach Hammer mit durchschnitt-

[1] In die Endflächen der Latten können Rillen als Lager für die Lotschnur eingefeilt sein.

lich 3′ zu rechnen; das gibt für Lotlänge l die lineare Abweichung $a = l \frac{3'}{3438} \doteq \frac{l}{1000}$; für $l = 20$ m ist $a = 2$ cm, für $l = 40$ m ist $a = 4$ cm. Die Maximalfehler erreichen das Dreifache des mittleren Fehlers.

Man nimmt die Lotlänge nicht gern über 20 m, selbst bei flüchtigen Aufnahmen nicht über 40 m, bei Absteckungen nicht über 10 m.

Winkelspiegel mit fester Visur und Winkelprismen sind genauer als Winkelspiegel mit freier Visur und Winkeltrommeln.

Für kurze Lote (unter 2 m Länge) erfolgt das Abstecken oft nach Augenmaß (mittels zweier auf dem Boden liegender Stangen nach Hammer leicht auf 1° sicher, also bei 2 m Lotlänge mit 3,5 cm Abweichung).

Bei steilen Sichten, wo Winkelspiegel und Winkeltrommel versagen, wird das Abstecken des rechten Winkels durch „Bogenschlag" ermöglicht (Messen der auf den Horizont reduzierten Seiten eines möglichst gleichseitigen Dreiecks und Berechnen der Abszissenlänge bis zum Ordinatenfußpunkt, sowie der Ordinatenlänge.

Für besonders genaues und rasches „Anwinkeln" kurzer Ordinaten hat sich ein Holzwinkel (Schenkellängen 1 und $1\frac{1}{2}$ m) bewährt (Stadtaufnahme Berlin, Z. f. V. 1888). Die Abszissenlinie wird mittels einer 20—25 m langen, über Theodolit-Richtungsmarken mit dem Fußballen festgehaltenen Hanfschnur abgekreidet. Die Ordinaten werden an einem, an den Holzwinkel angeschobenen 2 m-Holzmaßstab abgelesen.

§ 46. Ablesegrenze für Polygonzüge und Koordinatenaufnahmen.

Beim Kataster ist die Ablesegrenze für Polygonseiten und für Stückvermessung wertvoller Grundstücke 1 cm, sonst bei uns und in Preußen 1 dm (in Bayern $\frac{1}{2}$ dm).

Bei der Stadtvermessung Berlin (Detailpläne 1 : 250) wurden Meßlinienlängen auf 1 mm und die Stückvermessung auf 1 cm sichergestellt.

§ 47. Fehlergrenze für Grundteilungspläne.

Nachfolgestaaten Österreichs (Min.-Verordn. 28. 7. 1907):

1. Bei Theodolitaufnahmen darf der Unterschied zwischen der aus dem Plan entnommenen und der wirklichen Länge einer Strecke die Fehlergrenze:

$$\Delta = 0{,}00015\, s + 0{,}005 \sqrt{s} + \frac{M}{10000} \text{ (in Metern)}$$

nicht überschreiten. (Die zwei ersten Glieder entsprechen dem regelmäßigen und unregelmäßigen Fehler für Stahlband mit Ziehstäben; das dritte Glied entspricht dem Fehler beim Abgreifen aus dem Plane. M = Verjüngungszahl des Planes.)

2. Für Meßtischaufnahmen ist die zulässige Fehlergrenze $^1/_{200}$ der gemessenen Länge.

§ 48. Optische Längenmessung.

I. Fadendistanzmesser nach Reichenbach.

Die auf Instrumentmitte bezogene Horizontaldistanz ist

$$D = K\,L\cos^2\alpha + k\cos\alpha\,.$$

K = Multiplikationskonst., k = Additionskonst., L = Lattenabschnitt, α = Höhenwinkel der Mittelvisur

$$K = \frac{f}{b}; \quad k = f + e\,.$$

f = Objektivbrennweite, b = Fadenabstand (Bildgröße) e = Abstand Objektivmitte bis Instrumentenmitte.

Beim anallaktischen Fernrohr von Porro ist durch Einschalten einer Kollektivlinse im Objektivrohr $k = 0$; die Bildhelligkeit ist aber geringer.

Die Genauigkeit der optischen Distanzmessung wird beeinflußt von der Unsicherheit der Konstanten, von der Unsicherheit im Einschätzen der Fadenstellung im Latteninterval und von der Unsicherheit in der Stellung der Latte. Abgesehen von Beobachtungsverhältnissen und den Fähigkeiten des Beobachters[1] haben dabei Einfluß: Konstantenbestimmung[2] und Leistungsfähigkeit des Fernrohrs, Art der Lattenteilung[3] und Hilfsmittel zur Vertikalstellung der Latte.

Der Einfluß der Lattenschiefe δ äußert sich

im Lattenabschnitt L mit $\Delta L = L \cdot \delta \cdot \operatorname{tg} \alpha$,
für die Distanz D ist $\Delta D = K \cdot \Delta L$ (bei α nahe 0).

Der Einfluß wächst mit Neigungswinkel α, er kann die Distanz verkleinern oder vergrößern (Lattenneigung nach vorn oder nach rückwärts, Höhen- oder Tiefenvisur).

Lorber fand für δ (Abweichung von der Vertikalen) bei freihändig gehaltener und ohne Hilfsmittel eingerichteter Latte bis zu $\pm 2^0 20'$, bei Aufstellung mit Lot $\pm 1^0 20'$, mit Dosenlibelle $\pm 25'$, mit Lattenstativ[4] und Libelle $\pm 5'$ (Z. f. I. 1886).

Die Genauigkeit der optischen Distanzmessung ist bei der tachymetrischen Schnellmessung und bei der viel sorgfältigeren Distanzmessung im Polygonzug verschieden groß. Für mittlere Distanzen von 100 m und horizontale Zielungen beträgt bei Schnellmessung mit Zentimeterlatte und $K = 100$ der mittlere Distanzfehler nach Helmert, Stambach und Jordan 0,25% ($^1/_{400}$), bei größeren Höhenwinkeln und ungünstigeren Verhältnissen bis zu 0,5% ($^1/_{200}$). Unter günstigen Luft- und Beleuchtungs-

---

[1] Besonders wichtig ist das Ablesen beider Distanzfäden „mit einem Blick".

[2] Die Fadenkonstante ändert sich mit der Temperatur. Werffeli hat durch tägliche Konstantenbestimmungen bei einem Instrument für 10° C Temperaturzunahme eine Vergrößerung der Konstante 100 um 0,02 festgestellt (Schw. Z. f. V. 1919, S. 57).

[3] Für Feinmessungen wird Adamcziks Zackenteilung empfohlen.

[4] Anstatt des Stativs lassen sich zwei Haltestäbe (Fluchtstäbe) verwenden.

verhältnissen[1], bei sorgfältigster Beobachtung mit mittelgroßem Instrument, ruhig gehaltener (fest gestützter) Latte und doppelter oder mehrfacher Ablesung des Lattenabschnittes kann der mittlere Fehler viel kleiner werden, etwa $\pm$ 10 cm für 100 m (F.V. $^1/_{1000}$) bis gegen $\pm$ 5 cm für 100 m (F.V. $^1/_{2000}$).[2]

Lange Strecken werden zweckmäßigerweise in Teilen gemessen. Jordan fand den mittleren Fehler abhängig von der Distanz wie folgt:

Für $D =$	10	50	100	200	300 m
ist der Fehler	0,15	0,19	0,23	0,31	0,40%
	$\pm$ 1,5	9,5	23,0	62,0	120,0 cm

Höhenformeln: Der Höhenunterschied zwischen Zielpunkt der Mittelvisur und Instrumentenhorizont ist

$$h = K\,L \sin\alpha \cos\alpha + k \sin\alpha$$

und der Höhenunterschied zwischen den Bodenpunkten

$$H = \pm h + J - V\,.$$

J = Instrumentenhöhe, V = Mittelfadenablesung an der Latte.

II. Logarithmische Methode nach Tichy.

$$\log D = \log(100\,L) + A\,,$$
$$\log h = \log(100\,L) + B\,.$$

---

[1] Das Luftzittern nimmt am Morgen rasch zu, ist am stärksten, wenn der Unterschied zwischen Boden- und Lufttemperatur am größten ist (im Sommer meist zwischen 10 und 11 Uhr) und nimmt nachmittags sehr langsam ab. An heißen Tagen sind erst nach 6 Uhr abends ruhige Fernrohrbilder zu erwarten.

[2] Wagner benützte eine durch zwei Streben gestützte, senkrecht zur Visur gestellte Latte mit scharfer Einstellmarke für einen der Fäden und fand für eine einzelne Reichenbachsche Distanzmessung mit Fernrohr von 25facher Vergrößerung und $K = 100$ den mittleren Fehler = 0,05—0,06%, unabhängig von der Distanz zwischen 50—500 m (Z. f. V. 1886).

h = Höhe des Lattennullpunktes (als Einstellpunkt des festen Fadens) über dem Instrumentenhorizont.

$$A = \log(\cos^2 \alpha + 0{,}01 \sin \alpha \cos \alpha)\,,$$
$$B = \log(\sin \alpha \cos \alpha + 0{,}01 \sin^2 \alpha)\,.$$

Höhenunterschied zwischen den Bodenpunkten:

$$H = \pm h + J - V\,.$$

V = Höhe des Lattennullpunktes über dem Fußpunkt (3 m).

Der mittlere Fehler eines Punktes kann bei sorgfältiger Arbeit und günstigen Verhältnissen mit $\pm$ 5 cm angesetzt werden, das gibt für $D = 100$ m das F.V. $^1/_{2000}$.

III. Mikrometrische Distanzmessung mit horizontaler, senkrecht zur Meßrichtung gestellter Latte.

Horizontaldistanz $D = K \cdot \frac{L}{n}$.

Konstante K bedeutet den Abstand der Meßschraubenachse von der Instrumentenstehachse, ausgedrückt in Schraubenganghöhen.[1] L = Zielmarkenabstand auf der Latte (für unsere Zwecke 1 m). n = Anzahl der Schraubenumdrehungen.

Für $D = 100$ m wird bei sorgfältiger Arbeit und günstigen Verhältnissen das F.V. $^1/_{2000}$ leicht erreicht, für $D = 50$ m etwa $^1/_{4000}$, $D = 20$ m etwa $^1/_{10000}$, $D = 200$ m etwa $^1/_{1000}$. Messung größerer Strecken durch Unterteilung oder mittels Hilfsbasis (mit Zieltafeln auf Stativ).

IV. Trigonometrische Distanzmessung nach Böhler und nach Tichy.

Mit horizontaler Latte (Invarstab) und Messung der gegenüberliegenden spitzen Winkel im Rhombus mittels Mikroskoptheodolits. Beim Abstecken normaler Figuren erstrebt Tichy Gleichheit der symmetrisch gelegenen

[1] Feldphototheodolit Zeiss 9 × 12 und Streckenmeßtheodolit Zeiss Modell A haben K = 200.

Rhombuswinkel bis auf eine halbe oder ganze Minute. Das Etalonthermometer wird zu Beginn und am Schlusse der Feinwinkelmessung abgelesen, das Mittel aus beiden Ablesungen wird in Rechnung gezogen. Tichy verwendete seine gegenüber Böhler verschärfte Methode bei den Basismessungen für Tunneltriangulierungen in den Alpen (Z. d. österr. Ing.- u. Arch.-Ver. 1909).[1]

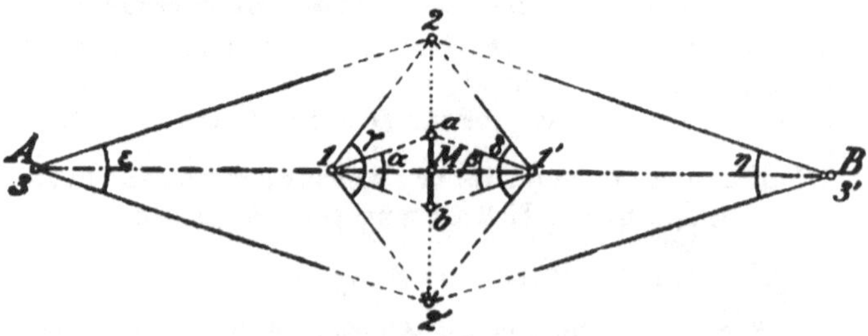

Fig. 10.

Strenge Formeln für Dreifaktorensystem (Fig. 10) (gültig auch für abnormale, d. i. nicht genau symmetrische Rauten):

$$AM = \frac{1}{2}\left\{\frac{ab}{2}\operatorname{ctg}\frac{\alpha}{2}\operatorname{tg}\frac{\gamma}{2}\operatorname{ctg}\frac{\varepsilon}{2} + \frac{ab}{2}\operatorname{ctg}\frac{\beta}{2}\operatorname{tg}\frac{\delta}{2}\operatorname{ctg}\frac{\varepsilon}{2},\right\}$$

$$MB = \frac{1}{2}\left\{\frac{ab}{2}\operatorname{ctg}\frac{\alpha}{2}\operatorname{tg}\frac{\gamma}{2}\operatorname{ctg}\frac{\eta}{2} + \frac{ab}{2}\operatorname{ctg}\frac{\beta}{2}\operatorname{tg}\frac{\delta}{2}\operatorname{ctg}\frac{\eta}{2}\right\}.$$

[1] Böhlers Basismeßverfahren veröffentlicht: Berlin 1905, Mittler & Sohn.

Vereinfachte Tichyformel für normale (d. i. genau symmetrisch abgesteckte) Rauten im Dreifaktorensystem:

$$AB = ab \cdot \operatorname{ctg}\frac{\alpha + \beta}{4} \cdot \operatorname{tg}\frac{\gamma + \delta}{4} \cdot \operatorname{ctg}\frac{\varepsilon + \eta}{4}.$$

Bei den Versuchsmessungen auf dem Steinfeld 1909 (Gaksch, M. d. M. G. J. 1909) wurde die Etalonlänge bei 11° C mit 1,200466 m vom österreichisch- ungarischen Basismeßapparat abgeleitet.[1] Gemessen wurden vier Strecken (im ungefähren Quadrat) mit je rund 230—240 m Länge nach dem Dreifaktorensystem und eine Strecke (Diagonale), rund 330 m lang, nach dem Vierfaktorensystem. Die spitzen Rautenwinkel waren rund 20—27° (im Dreifaktorensystem: $\alpha = \beta = \varepsilon = \eta =$ rund 20°; $\gamma = \delta =$ rund 160°); die mittleren Fehler der Winkel bei Beobachtung in neun Sätzen rund $\pm 1''$. Drei Theodolite waren gleichzeitig aufgestellt.

Der mittlere Längenfehler bei Winkelbeobachtungen in neun Sätzen ist etwa $\pm$ 3 bis 5 mm für 100 m oder $\pm$ 10 bis 15 mm für 1 km.[2] Lange Strecken werden unterteilt auf etwa 230 m (für Messung im Dreifaktorensystem) oder auf etwa 330 m im Vierfaktorensystem.[3]

Wichtig ist schärfste Zentrierung der Instrumente und Signale. Die Methode Böhler-Tichy erhält besondere Bedeutung für Basismessungen dort, wo direkte Längenmessung unmöglich ist.[4]

---

[1] Der Etalon ist bei Sonne zu beschirmen!

[2] Der mittlere Fehler bei neueren Basismessungen der Landesaufnahmen $\leqq \pm$ 1 mm für 1 km.

[3] Bei den Tunneltriangulierungen wurden von Tichy Teilstrecken von rund 200 m mittlerer Länge nach dem Zweifaktorensystem abgesteckt.

[4] Über flüchtigere Längenmessungen mit einfacher abnormaler Raute und mit Heydes 10 m-Stahlband zwischen Spanneisen siehe Sammlung Göschen, Bd. 607 (Hugershoff).

Anmerkung. Die optische Distanzmessung bringt auf ebenem Boden im Vergleich zur direkten Feinlängenmessung bei gleichem Zeitaufwand geringere Genauigkeit, sie bietet aber oft, namentlich über unwegsamem Boden, wirtschaftliche Vorteile bei hinreichender Genauigkeit und hilft selbst über abgrundreiches, dicht bewachsenes Gelände, wo Staffelzeug und Lattenmessung längs in der Luft gespannter Schnur versagen oder nicht größere Genauigkeit erzielen lassen. Während z. B. bei Polygonzügen in Städten die direkte Längenmessung nicht verdrängt wird, sind bei Vorarbeiten des Bauingenieurs einfache optische Längenmessungen — womöglich zwischen Triangulierungspunkten eingeschaltet — oft willkommen (genügend genau, bequemer und rascher). (In vielen Fällen, wie bei Flußaufnahmen, verwendet man am besten Triangulierungsketten ohne Polygonzüge.)

§ 49. Reduktion der Grundlinien auf den Meereshorizont.

Als Vermessungsgrundfläche einer Landesaufnahme dient in der Regel der Meeresspiegel, was bei Anschlußtriangulierungen zu berücksichtigen ist.

Ist L die Basislänge in Meereshöhe H; L_0 die auf den Meeresspiegel reduzierte Länge und R der Erdradius, so ist

$$L_0 = L \frac{R}{R+H} \quad \text{oder} \quad (L - L_0) = \varDelta L = \frac{HL}{R+H}$$

$\varDelta L$ ist pro 100 m Länge und 100 m Meereshöhe 1,57 mm.

Beispiel: Für den Albulatunnel wurde auf beiden Seiten an je drei Punkte 3. Ordnung eine Spezialtriangulierung angeschlossen, so daß die Lage der zwei Beobachtungspunkte „Observatorium Nord“ und „Observatorium Süd“ bestimmt war. Die Länge zwischen diesen zwei Beobachtungspunkten ergab sich aus den Koordinaten mit 8481,79 m in Meereshöhe. Die Reduktion dieser Länge auf die mittlere Höhe von 1800 m ü. M. gibt die Reduktion $\varDelta L = 2{,}39$ m; demnach war die wirkliche Entfernung der Beobachtungspunkte 8484,18 m. Die ergänzenden direkten Längenmessungen mit Feinstahlmeßband lieferten die Tunnellänge mit 5866,03 m.[1]

[1] Professor Dr. Hennings, Albulabahn, Chur 1908.

§ 50. Genauigkeit der Arbeit mit Staffelzeug.

Verfasser berechnete aus mehrmals wiederholten Staffelungen eines Querprofils durch steilen Erd- und Rollsteinboden bei Verwendung eingeführter Meßgehilfen der Baupraxis[1] den mittleren Distanzfehler für eine 4-m-Lattenlage mit $\pm$ 1,8 cm, also für n Lattenlagen mit $\pm 1{,}8\sqrt{n}$ cm; den mittleren Höhenfehler für eine Lotstabhöhe mit $\pm$ 1,25 cm, also für n Lotstabhöhen mit $\pm 1{,}25\sqrt{n}$ cm.

§ 51. Genauigkeit im Abschreiten.

Die mit Schrittmaß ermittelten Entfernungen können bei bekannter Schrittlänge auf etwa $\pm$ 2% genau sein; bei unbekannter Schrittlänge treten Unsicherheiten von 5% und mehr auf. Werden innerhalb gegebener Entfernung Punkte mit Schrittmaß eingeschaltet, so sind die Abstände nach Hammer leicht bis auf 1% oder ½% richtig ($s_1 = s \cdot \frac{n_1}{n}$, wenn s die gegebene Entfernung in Metern, n die zugehörige Schrittzahl, s_1 den gesuchten Punktabstand in Metern und n_1 die zugehörige Schrittzahl bedeutet). Diese Methode der „relativen Messung durch Abschreiten" kann bei Flächennivellements willkommen sein (s wird dem Plan entnommen).

Die Schrittlänge ist abhängig von Körpergröße, Alter, Rüstigkeit, ferner bei der gleichen Person 1. von äußeren Umständen, 2. von persönlichen Zuständen. Zu 1.: Bodenneigung, Bodenbeschaffenheit (Schotter, Wiese, aufgeweicht, trocken usw.), Witterung (Wind); zu 2.: Kräftezustand (Ermüdung!), Ganggeschwindigkeit, Körperhaltung, Art der Traglast, Bekleidung (Mantel, Schuhe).

Der häufigste Schrittwert von 20jährigen Männern ist 80 cm. Beim Auf- und Abwärtsgehen wird die Schrittlänge kürzer.

---

[1] Traunflußbauten bei Aussee; Vertikalstellung des Lotstabes mittels Senkel, Anreihepunktbezeichnung durch Blaukreidestrich.

§ 52. Messung mit Theodolit.[1]

I. Visurfehler (Zielfehler) und Ablesefehler.

Beide zusammen geben den „Operationsfehler".

Nach Stampfer ist Visurfehler $\alpha = \frac{a}{v}$; a = Visurfehler mit freiem Auge (an Dioptern), für geübte Beobachter unter sehr günstigen Umständen $\pm$ 10—15″, unter ungünstigen Umständen bis 50″, im Mittel 30″, für ungeübte etwa 60″. v = Fernrohrvergrößerung. Der Schweizer Noetzli setzt $\alpha = \frac{k}{\sqrt{v}}$; k = 3—4″ für gute bzw. mittelmäßige Beobachter unter normalen äußeren Umständen (Ö. Z. f. V. 1914). — Bei langen Sichten mit guten Theodoliten ist der mittlere Zielfehler erfahrungsgemäß etwa $\pm$ 1—2″, bei Sichten unter 2 km und gewöhnlichen Zielen zwei- bis viermal so groß.

Der mittlere Ablesefehler an einem Nonius ist etwa $^1/_2$ der Noniusangabe A, unter besonders günstigen Umständen $^1/_3$—$^1/_4$; an einem Schraubenmikroskop etwa $\pm$1—2″.

a) Einfluß der Operationsfehler bei einfacher Winkelmessung. Ist α der mittlere Zielfehler, β der mittlere Ablesefehler an einem Zeiger, so ist der mittlere Operationsfehler für eine einfache Winkelmessung in zwei Kreislagen mit Ablesung an zwei diametralen Zeigern:

$$m_1 = \pm\sqrt{\left(\alpha^2 + \frac{\beta^2}{2}\right)}. \tag{1}$$

b) Einfluß der Operationsfehler bei wiederholter einfacher Winkelmessung. Das arithmetische Mittel aus n Winkelmessungen in zwei Kreislagen hat den mittleren Operationsfehler:

$$m_2 = \pm\sqrt{\frac{1}{n}\left(\alpha^2 + \frac{\beta^2}{2}\right)}. \tag{2}$$

[1] Biegung: Der Theodolit, des Theodolits, dem Theodolit, den Theodolit. Die Theodolite.

c) **Einfluß der Operationsfehler bei Repetition (Multiplikation).** Der mittlere Fehler für den aus $n$facher Repetition in beiden Kreislagen berechneten einfachen Winkel ist

$$m_3 = \pm \sqrt{\frac{1}{n}\left(\alpha^2 + \frac{\beta^2}{2n}\right)}. \qquad (3$$

d) **Einfluß der Operationsfehler bei Richtungsbeobachtungen.** Ein Satz (Gyrus) besteht aus zwei Halbsätzen (Beobachtungsreihen, Serien). Der mittlere Fehler für das arithmetische Mittel einer Richtung aus s Sätzen ist:

$$m_r = \pm \frac{1}{\sqrt{s}} \cdot \frac{1}{\sqrt{2}} \sqrt{\alpha^2 + \frac{\beta^2}{2}} = \pm \sqrt{\frac{\alpha^2}{2s} + \frac{\beta^2}{4s}}.$$

Der mittlere Fehler für einen aus zwei Richtungen kombinierten Winkel ist:

$$m_4 = \sqrt{2 m_r^2} = \pm \sqrt{\frac{\alpha^2}{s} + \frac{\beta^2}{2s}}. \qquad (4$$

Für gewöhnlichen Theodolit ($\Delta = 20''$, $v = 20$) mit $\alpha = \pm 1''$, $\beta = \pm 10''$ folgt $m_1 = \pm 7{,}1''$; mit $n = 3$ ist $m_2 = \pm 4{,}1''$, $m_3 = \pm 2{,}4''$; mit $s = 3$ ist $m_4 = \pm 4{,}1''$. Das sind theoretische Operationsfehler ohne Rücksicht auf äußere Fehlerquellen, wie Signalstellung, Zentrierfehler usw.

II. Zielachsen-, Kippachsen- und Stehachsenfehler.

Ist c = Zielachsen- (Kollimations-) Fehler und i = Kippachsen- (Horizontalachsen-) Fehler, so folgt für Höhenwinkel h der Projektionsfehler Δr für eine Richtung:

$$\Delta r = \frac{c}{\cos h} + i \cdot \operatorname{tg} h = c_1 + i_1.$$

c und c_1 haben das Vorzeichen $+$, wenn die Visierlinie nach rechts abweicht. i hat $+$-Vorzeichen, wenn das rechte Ende der Kippachse tiefer liegt; i_1 hat gleiches oder entgegengesetztes Vorzeichen wie i, je nachdem h positiv oder negativ ist.

Durch Beobachtungen in beiden Fernrohrlagen wird der Einfluß des Zielachsen- und des Kippachsenfehlers behoben (getilgt, eliminiert). Das ist für unvollkommen oder gar nicht berichtigte Instrumente wichtig.

Ist v = Stehachsen- (Aufstellungs-) Fehler (Neigung gegen das Lot), so ist der Einfluß auf die Zielrichtung:

$$v_1 = v \sin \beta \operatorname{tg} h .$$

β = Richtungswinkel der Ziellinie, gezählt von der Vertikalebene, die die schiefstehende Stehachse enthält. v_1 ist Maximum, wenn die Visierebene senkrecht zu dieser Vertikalebene steht. Der Stehachsenfehler wird durch Messung in beiden Kreislagen nicht beseitigt, er behält Größe und Vorzeichen, denn beim Drehen der Alhidade um 180° bleibt die Stehachse in ihrer Lage.

Das scharfe Horizontieren ist um so wichtiger, je steiler die Sichten sind.

III. Zentrierungsfehler.

Bei gleichschenkligen Winkeln ist in Richtung der Winkelhalbierenden besonders gut zu zentrieren; eine kleine Abweichung senkrecht zur Winkelhalbierenden ist belanglos. (Allgemeineres: Verfasser in Z. f. V. 1921, S. 161).

Je kürzer die Sichten, um so schärfer ist zu zentrieren. Der Einfluß eines Zentrierungsfehlers e ist bei Winkeln von 180° am größten, und zwar bei gleicher Schenkellänge z:

$$\varepsilon = \varrho \cdot \frac{2e}{z} .$$

Für e = 1 cm und z = 20, 100 und 1000 m ist ε = 3′ 26″, 41″ und 4″.

Bei Windstille kann mit Schnurlot leicht auf

1—2 mm genau zentriert werden, was meist selbst bei kurzen Sichten genügt.

Für feinere Zentrierung bis auf 0,1 mm und für Zentrierung im Wind kommt das optische Absenkeln mit zwei seitlichen Theodoliten (Ablotern), dann der Nagel-Hildebrandsche Zentrierapparat und Löschners Kompensations-Zentrierröhrchen (Starke-Kammerer) in Frage. Die festen Lote bieten bei lebhafterem Winde große Angriffsfläche. Zur Erleichterung und Beschleunigung guter Zentrierung soll die Öffnung in der Stativkopfplatte großen Durchmesser (nicht unter 6 cm) haben. (In der Grube sind Steckhülsen im Gebrauch.)

§ 53. Zur Praxis der Horizontalwinkelmessung.

Bei der einfachen Winkelmessung mit Ablesen diametraler Nonien und in beiden Fernrohrlagen werden die Instrumentalfehler getilgt. Dies bezieht sich auf die zwei Eliminationspunkte (Exzentrizität der Alhidade und der Visur) und auf die zwei Rektifikationspunkte (Kippachsen- und Kollimationsfehler).

Der mittlere Fehler einer einfachen Winkelmessung bewegt sich zwischen etwa 1′ (bei einfachsten Theodoliten) und etwa 2″ (bei Feintheodoliten für Triangulierung 1. Ordnung).

Bei wiederholter einfacher Winkelmessung ist es vorteilhaft, dazwischen den Teilkreis um eine runde Zahl von Graden (z. B. 90°) zu verstellen (als Schutz gegen grobe und Teilungsfehler), dann neu zu zentrieren und zu horizontieren.

Die Repetitionsmethode wird bei Instrumenten angewendet, bei denen der Ablesefehler größer ist als der Einstellfehler (also nicht bei Mikroskoptheodoliten). Dem systematischen Fehler des Limbusmitschleppens, der übrigens nur wenige Sekunden beträgt, wird durch Messen von Winkel und Ergänzungswinkel entgegengearbeitet.

Bei der Triangulierung für die Aussteckung des Albulatunnels (1898 und 1899) wurden z. B. alle Winkel und Ergänzungswinkel in jeder Fernrohrlage fünf- bis sechsmal repetiert.

Der Repetitionstheodolit bietet namentlich dort Vorteil, wo die Bewegungsfreiheit für das Ablesen beider Zeiger fehlt, z. B. bei Messungen in Turmfenstern, auf steilen Felsen, Altanbrüstungen, wo manche Ablesungen einfach nach Zurückdrehen der im Limbus festgeklemmten Alhidade erfolgen, ferner bei Messungen auf weniger festem Boden, wo das Herumgehen beim Ablesen unterbleiben soll.

Die Winkel- oder Richtungsbeobachtungen werden so angeordnet, daß die endgültigen Winkelwerte mit gleicher Genauigkeit hervorgehen. Bei Kleintriangulierungen, wo alle Zielpunkte gleichzeitig gut sichtbar sind, entspricht meist die Richtungsbeobachtung in vollen Sätzen; bei Triangulierungen höherer Ordnung (mit langen Sichten) verwendet man die Schreibersche Methode der „Winkelmessung in allen Kombinationen".[1]

Bei gewöhnlichen Triangulierungen für Vorarbeiten des Ingenieurs (Flußaufnahmen usw.) bietet die Methode der vollen Richtungssätze im Vergleich zu Winkelmessungen weniger Arbeitsaufwand, also wirtschaftlichen Vorteil. Unsere Katasterinstruktion (1904) läßt das Triangulierungsnetz 4. Ordnung in drei Sätzen ausführen und den Limbus zwischen den aufeinanderfolgenden Sätzen nicht um 180°/3, sondern um 100° drehen. Man will damit die Kopfarbeit im Felde vereinfachen.

Der mittlere Fehler einer Richtung in einem Satze ist:

$$m_r = \sqrt{\frac{[v\,v]}{\ddot{u}}}\,.$$

$\ddot{u}$ = Anzahl der überschüssigen Beobachtungen. Bei s Sätzen und r Richtungen hat man im ganzen $s \cdot r$ Beobachtungen, von denen im ersten Satze r Richtungen und in den anderen $(s-1)$ Sätzen die Nullrichtungen unabhängig sind, weshalb

$$\ddot{u} = s\,r - (r) - (s-1) = (s-1)(r-1)\,.$$

[1] Eingeführt 1871, vgl. Z. f. V. 1878, S. 209ff. und 1879, S. 97ff.

Somit ist

$$m_r = \sqrt{\frac{[v\,v]}{(s-1)\,(r-1)}}$$

und der mittlere Fehler einer aus s Sätzen gemittelten Richtung ist:

$$\mu_r = \frac{m_r}{\sqrt{s}} = \sqrt{\frac{[v\,v]}{s\,(s-1)\,(r-1)}}\,.$$

Für einen aus der Differenz zweier Richtungen fließenden Winkel ist der mittlere Fehler

$$m_w = m_r \sqrt{2}\,.$$

Ist g_r das Gewicht einer einmal beobachteten Richtung, so ist das Gewicht g_w eines einmal beobachteten Winkels:

$$g_w = \frac{1}{2}\,g_r\,.$$

Bei der Winkelmessung in allen Kombinationen werden stets nur zwei Sichten einer Station durch eine Winkelmessung in mehreren Sätzen (Winkelsätzen) verbunden.[1] Man stellt links ein, dann rechts, schlägt das Fernrohr durch, stellt nun zuerst rechts, dann links ein. Damit ist ein Satz erledigt. Zwischen aufeinanderfolgenden Sätzen wird der Limbus um $\frac{180}{n}$ gedreht (n = Anzahl der Sätze). — Eine Methode der Winkelkombinationsmessung ähnlich der Schreiberschen hat Rosenmund bei der Achsabsteckung für den fast 20 km langen Simplontunnel angewendet (Z. f. V., 31, 1902, S. 76).

Der wahrscheinlichste Wert eines aus Kombinationen bestimmten Winkels ist das arithmetische Mittel aus den Ergebnissen der s Sätze. Die aus den Abweichungen

[1] Bei Beobachtungen im Landesnetze 1. Ordnung auf Meydenberg (1918, Sichten über 60 km) hatten wir z. B. durch mehrere Tage nach 4 Uhr im Osten und Süden vollkommene Klarsicht, im Westen und Norden aber keine Fernsicht.

von diesem Mittel berechneten Verbesserungen v ergeben den mittleren Fehler eines einzelnen Winkels mit:

$$m = \pm \sqrt{\frac{[v\,v]}{s-1}}\,.$$

Der mittlere Fehler eines Winkels aus s Sätzen ist:

$$\mu = \pm \frac{m}{\sqrt{s}} = \pm \sqrt{\frac{[v\,v]}{s\,(s-1)}}\,.$$

§ 54. Genauigkeit beobachteter Winkel im Dreieck.

Ist bei gleich genauen Beobachtungen der Widerspruch $w = \alpha + \beta + \gamma - 180^0$, so ist der mittlere Fehler eines jeden der drei Winkel vor der Ausgleichung[1]:

$$m = \pm \frac{w}{\sqrt{3}}$$

und nach der Ausgleichung:

$$M = \pm \frac{w}{3} \sqrt{2}\,.$$

§ 55. Leitsätze für Feinwinkelmessung.

Den Stativfüßen ist durch Auftreten auf ihre Sporne (Trittansätze) sichere Lagerung zu geben, auch auf hartem Boden. Auf Pflasterungen finden die Fußspitzen in Fugen festen Halt. Im Gebirge lasse man die Stativfüße nicht in Graswurzelfilz stecken: Man entferne diesen an den notwendigen Stellen und lagere in die entstandenen Löcher größere Steine; bei fehlendem Stein stampfe man geeignetes Erdmaterial ein. Auf abschüssigem Boden ist unter Umständen Planierung für den Instrumentenstand erforderlich. Solche Vorbereitungen sind wegen der not-

[1] Vgl. Jordan-Eggert, Bd. I, § 10.

wendigen Setzungen entsprechende Zeit vor den Messungen durchzuführen.

Das Instrument ist bei Sonnenschein gut zu beschirmen. Der Gehilfe, der den Schirm hält, darf ebensowenig wie der Beobachter in die Nähe der Stativfüße treten und muß ruhig stehen.

Die Spannfeder der Herzschraube darf nie übermäßig stark angezogen werden. Die Schraubenstange, welche die Verbindung zwischen Instrument und Stativ bewirkt, darf nicht verbogen sein und ist axial einzuschrauben.

Horizontierung und Zentrierung sind voneinander nicht unabhängig.[1]

Bei Sichten von verschiedener Länge sehe man auf systematische Behandlung des Okularauszuges, d. h. man stelle auf ein bestimmtes Ziel in beiden Fernrohrlagen mit tunlichst gleicher Stellung des Okularauszuges ein.[2]

Werden die Aufschreibungen nicht vom Beobachter selbst besorgt, so hat der Schreiber die Angaben des Beobachters beim Eintragen laut zu wiederholen.[3]

Wie andere Messungen gelingen auch Winkelmessungen bis zu einem gewissen Grade um so besser, je kürzer sie dauern bzw. je rascher man arbeitet: Das Maß der Genauigkeit ist eine Funktion der Messungsdauer.

---

[1] Diese Abhängigkeit ist möglichst behoben bei Tesdorpfs Dreifußzentrierplatte mit durchlochter Herzschraube und Senkelaufhängepunkt in der Höhe der Stellschrauben. Vgl. Verf. in Z. d. ö. I. u. A. V. 1904, Nr. 30, und Hammers Lehrb. S. 307. Lieferant seit Tesdorpfs Tode: Sartorius-Göttingen.

[2] Erfahrungsgemäß ist an neuen Instrumenten aus guten Werkstätten kaum jemals ein Führungsfehler der Okularröhre feststellbar, hingegen sehr häufig an stark abgenützten Instrumenten (vgl. Lüdemann, Z. f. V. 1920, H. 2).

[3] Irrtümer sind trotzdem nicht ausgeschlossen. So ist mir einmal richtig 35′ wiederholt, aber 53′ eingetragen worden.

Deshalb pflegt man z. B. auch bei Richtungssätzen nicht mehr als höchstens sechs Richtungen in einen Satz zusammenzufassen (Drehung des Stativs durch einseitige Sonnenbestrahlung, Erschütterungen durch Wind, Witterungs- und Beleuchtungswechsel usw.). Eine größere Anzahl von Sichten teilt man nach Beobachtungsgruppen und nimmt einen der scharfen Zielpunkte als Leitpunkt oder man wählt zwei Anschlußrichtungen (J. f. P. 1904), welche die Sichten zwischen sich einschließen. — Auch beim Noniusablesen scheut der Erfahrene größeren Zeitaufwand, um das Auge nicht zu ermüden; dessenungeachtet darf die Arbeit nicht flüchtig sein.

Das Übertragen des Stativs mit aufgesetztem Instrument darf nur auf kurze Strecken, nur auf ebenem Boden, nur bei kleinen oder mittelgroßen, weniger heiklen Instrumenten und stets nur mit besonderer Vorsicht erfolgen. Vor solchem Übertragen ist die Verbindung des Instruments mit dem Stativ auf ihre Festigkeit und Verläßlichkeit zu prüfen. Beim Übertragen hält man mit beiden Händen den Stativkopf und achtet stets auf das Instrument. (Hochtragen des Instruments unter Anfassen der unteren Teile der Stativbeine ist unbedingt zu vermeiden.[1] Aufstützen des Stativkopfes auf die Achsel ist bei entsprechender Vorsicht eher zulässig, wenngleich nicht gefahrlos.) Beim Aufstellen des Stativs mit aufgesetztem Instrument müssen Erschütterungen vermieden werden. Im allgemeinen habe ich es — auch beim Nivellieren — in meiner Praxis vorgezogen, das Instrument abzunehmen und selbst zu übertragen, und nur das Stativ vom Gehilfen übertragen zu lassen[2], zumal

[1] Es ist vorgekommen, daß sich die Verbindung von Instrument und Stativ unterwegs gelöst hat und das Instrument zum Sturz kam. Erfahrungen der Mechaniker zeigen, daß ein Deckkreis den Teilkreis beim Sturz oft wirksam schützt.

[2] Der gleiche Grundgedanke findet sich bei Breithaupts Einrichtung der Dreifußhülse mit abnehmbarem Instrumentenoberteil, siehe Breithaupt, Die Nivelliere, Kassel 1915.

die Aufstellung des Stativs ohne aufgesetztes Instrument und das Festtreten der Stativfüße zwanglos, derber und sicherer erfolgen kann.

§ 56. Polygonzüge, Anlage und Messung.

Man unterscheidet im triangulierten Aufnahmefeld Hauptpolygonzüge (Verbindung zweier Trigonometer) und Nebenpolygonzüge (Verbindung zweier Hauptpolygonpunkte oder eines Hauptpolygonpunktes mit einem Trigonometer).

Kreuzungspunkte von Hauptpolygonzügen (Knotenpunkte) sucht man unmittelbar an Trigonometer anzubinden (z. B. durch Rückwärtseinschneiden).

Die Theorie der Fehlerfortpflanzung verlangt möglichst gestreckte Züge mit Polygonseiten von möglichst gleicher Länge. Insbesondere sollen Polygonseiten von weit unterschiedlicher Länge einander nicht unmittelbar folgen: Es ist vielmehr eine Polygonseite von mittlerer Länge einzuschalten. Im allgemeinen sind Polygonseiten unter 50 m und über 300 m zu vermeiden.[1]

Die Auswahl der Polygonpunkte ist nach Möglichkeit so zu treffen, daß die Signale zu unterst anvisiert werden können. Die Polygonseiten sollen zu jeder Zeit zugänglich sein und daher auf öffentlichen Straßen und Wegen oder auf sonstigem allgemein zugänglichem Gelände gelegt werden. Die Polygonzugvermarkung soll nach Tunlichkeit von der Grenzvermarkung unabhängig sein (vgl. die neue Vermessungsanweisung für Baden).

Die Doppelmessung der Strecken ist in entgegengesetzten Richtungen auszuführen. In der Praxis des Bauingenieurs ist oft die optische Längenmessung der direkten Längenmessung vorzuziehen. Der direkte Längenmesser muß auf seine Länge geprüft sein, der optische Distanzmesser auf seine Konstanten.

---

[1] Vgl. die in den Nachfolgestaaten Österreichs gültige J. f. P. V.

Die Winkelmessung ist mit Eliminierung der Instrumentalfehler, allenfalls noch mit weiterer Kontrolle auszuführen. Bei kurzen Polygonseiten (Stadtvermessungen) ist auf besonders scharfe Zentrierung des Winkelmeßinstruments und scharfe Signalisierung zu achten.

In geneigtem Gelände erfolgt entweder die getrennte Bestimmung von Länge und Neigung der Polygonseiten, wobei die Neigung am schärfsten durch Hin- und Rücknivellement erhalten wird oder es erfolgt (in unebenem Gelände) die gleichzeitige Bestimmung durch Staffelmessung.

§ 57. **Messungen mit Bussole.**

Stählerne Gegenstände sind fernzuhalten, selbst Augengläser mit Stahleinfassung.[1]

Örtliche Ablenkung der Magnetnadel können z. B. bewirken: Gleise, eiserne Rohrleitungen, elektrische Kabel usw. Die Größe der Ablenkung ist im allgemeinen proportional der Eisenmasse und umgekehrt proportional dem Quadrate der Entfernung. Nordsüdlich verlaufende Schienen bewirken viel stärkere Ablenkung als ostwestlich gerichtete. Der Einfluß von Schienen wird nach Mintrop in etwa 1 m Höhe unmerklich, jener von Förderwagen in etwa $1^1/_2$ m Entfernung.

a) Fernrohrbussole mit Teilung in $^1/_3$—$^1/_4{}^0$ und mit 8 cm langer Nadel: mittlerer Fehler einer Richtung $\pm$ 5′.

b) Freihandbussole. Teilung von 10 zu 10⁰ genügt (viele Striche sind nur störend). Der mittlere Fehler einer Peilung ist etwa $\pm$ 1—2⁰.

§ 58. **Magnetische Deklination (Abweichung).**

Die Deklination oder Mißweisung der Magnetnadel ist gegenwärtig für Europa eine westliche, d. h. der magnetische Meridian weicht gegen Norden westlich vom astronomischen Meridian ab.

[1] Die Stahlpinne lenkt die Nadel nicht ab, weil sie symmetrisch zu ihr liegt: Beide Pole werden gleich stark beeinflußt.

Die Deklination δ war am 1. Januar 1890 in Brünn 8° 58,4′ w., Budapest 7° 58,0′ w., Graz 9° 40,2′ w., Innsbruck 11° 24,8′ w., Linz 10° 14,7′ w., Prag 10° 00,6′ w., Salzburg 10° 55,7′ w., Wien 9° 11,1′ w. Die mittlere jährliche Abnahme der westlichen Deklination ist für Böhmen − 6,8′, Mähren und Schlesien − 6,6′ Innerösterreich − 6,5′, Tirol und Vorarlberg − 6,7′ (Liznar, Denkschr. d. Akad. d. Wiss. Wien 1895 u. 1899). Hiernach berechnet man z. B. für Prag, 1. Juli 1915: $\delta = 7° 07'$ w. und 1. Juli 1920: $\delta = 6° 33'$ w. Die Beobachtungen der magnetischen Deklination in Prag ergaben für 1915 das Jahresmittel: 7° 24′, für 1920 den Mittelwert 6° 35′ mit der für diese Jahre geltenden jährlichen Abnahme von rund 10′.

Die magnetische Deklination unterliegt täglichen und jährlichen („periodischen") Schwankungen sowie sekularen Änderungen. Die täglichen Schwankungen (Variationen) betragen in unseren Gegenden im Sommer bis etwa 10′, im Winter bis etwa 5′. Bald nach 10 Uhr vormittags und gegen 6 Uhr abends erhält die Deklination den Mittelwert des betreffenden Tages.

§ 59. Theodolitzug und Bussolenzug.

a) Die Querabweichung für geradlinigen Theodolitzug mit n gleich langen Seiten s ist:

$$q = \pm m \sqrt{\frac{L^3}{3s}} \, .$$

m = mittlerer Fehler eines Winkels, L = Zuglänge $= n s$.

Also möglichst lange Seiten.

b) Die Querabweichung für Bussolen- oder Kompaßzüge ist:

$$q = \pm m s \sqrt{n} \, .$$

Die Fehlerfortpflanzung ist günstiger als beim Theodolit, weil jede Richtung unabhängig bestimmt wird.

Es sind kurze Seiten günstig (20-m-Park- und Waldzüge, 10-m-Markscheidezüge mit Hängezeug, Itinerare auf Forschungsreisen).

§ 60. Freihand- (brachimetrische) Winkelschätzung.

Bei ausgestrecktem Arm entsprechen rund 10 cm (Maßstab) einem Horizontalwinkel von 10 Graden, oder die Spannweite rund 20 Graden. Der mittlere Fehler einer brachimetrischen Winkelschätzung ist etwa $\pm$ 1—2° (Verfasser in Ö. Z. f. V. 1913, S. 310, Auffinden grober Fehler).

§ 61. Nivellieren. Fehlerformeln.

Bei Beschränkung auf zufällige Fehler ist für n Stationen und Zuglänge $L = 2\,n$ Zielungen der mittlere Einwägefehler:

$$m^2 = 2\,n\,\mu^2$$

wenn μ = mittlerer Fehler einer Zielung.

Erfahrungsgemäß kann μ proportional der Zielweite z angenommen werden, so daß $\mu = c\,z$. Dann folgt allgemein:

$$m = c\sqrt{L \cdot z}\,,$$

d. h. der mittlere Fehler eines Nivellements wächst mit der Quadratwurzel aus der Zuglänge und bei gleicher Zuglänge mit der Quadratwurzel aus der Zielweite. Man nimmt daher nicht zu große Zuglängen und nicht zu große normale Zielweiten (etwa 50—60 m bei großen, 20—30 m bei kleinen Instrumenten).

Ist k der mittlere Fehler per Kilometer eines einfachen Nivellements, so ist für L Kilometer:

$$m = k\sqrt{L}\,.$$

Die Berechnung des mittleren Kilometerfehlers k geschieht aus Beobachtungsergebnissen, und zwar entweder:

I. aus n Doppelnivellements:

$$k^2 = \frac{1}{n}\left[\frac{d^2}{2L}\right] \tag{1}$$

(d = Höhenunterschiede zwischen Hin- und Rücknivellements, L = Zuglänge),

oder II. aus n Nivellementsschleifen (mit Polygonwidersprüchen w):

$$k^2 = \frac{1}{n}\left[\frac{w^2}{u}\right], \tag{2}$$

u = Polygonumfänge (Schleifenlängen). Diese Formel (2) setzt einfache Nivellements der Polygone voraus. Für zweifach nivellierte Polygone gilt:

$$k^2 = \frac{1}{n}\left[\frac{2w^2}{u}\right]. \tag{2*}$$

In der Regel ergibt sich k nach (2) größer als nach (1). Die Ursache liegt nicht nur in systematischen Fehlern, sondern auch in atmosphärischen Einflüssen, die sich bei Doppelnivellements mehr oder weniger aufheben.

III. aus Nivellementsnetzen:

$$k^2 = \frac{[g\,v\,v]}{r}; \quad [g\,v\,v] = \left[\frac{v\,v}{L}\right].$$

Gewicht $g_1 = \frac{1}{L_1}$; $g_2 = \frac{1}{L_2}$ usw.

L = Längen der Seiten, auf welche sich die Verbesserungen v beziehen, ausgedrückt in Kilometern. r = Anzahl der Bedingungsgleichungen.

Ist k = mittlerer Kilometerfehler eines einfachen Nivellements, so ist für ein $n$faches Nivellement der mittlere Kilometerfehler K:

$$K = \frac{k}{\sqrt{n}}.$$

Das arithmetische Mittel aus zwei unabhängigen,

gleich genauen Einwägungen hat z. B. den verminderten mittleren Kilometerfehler von $\frac{1}{\sqrt{2}} k = 0{,}7\,k$. Ein Doppelnivellement hat somit den mittleren Kilometerfehler:

$$K_2 = \pm \frac{1}{2} \cdot \frac{d}{\sqrt{L}} .$$

Wendelatten bringen nicht ganz unabhängige Doppelnivellements, weshalb der mittlere Fehler des arithmetischen Mittels nicht in solchem Maße vermindert sein wird.

Der Schlußfehler eines Nivellementszuges (z. B. zwischen zwei gegebenen Festpunkten) oder einer Schleife wird auf die einzelnen Höhenunterschiede proportional den zugehörigen Längen verteilt.

§ 62. Genauigkeit von Nivellements.

Man trifft noch oft folgende veraltete Einteilung:

Nivellements 1. Ordnung: $k < 5$ mm.
„ 2. „ $k = 5$—10 mm.
„ 3. „ $k = 10$—20 mm (techn. Längennivell.
„ 4. „ $k > 20$ mm (Quer- u. Flächen-Nivell.).

Die Instrumente haben für Nivellements 1. und 2. Ordnung eine Fernrohrvergrößerung v etwa 30—40, Libellenangabe τ etwa 4—6″, für Nivellements 3. Ordnung: $v = 20$—30, $\tau = 6$—15″, für Nivellements 4. Ordnung: $v = 10$—20, $\tau = 15$—30″.

Für „Feineinwägungen hoher Genauigkeit" (Feinsteinwägungen) hat die 17. Konferenz der Internationalen Erdmessung (1912) den mittleren zufälligen Fehler von $\pm$ 1,5 mm (und den mittleren systematischen Fehler von 0,3 mm) pro Kilometer als zulässig erklärt.

Die Doppeleinwägung einer jeden Linie erfolgt nach den beiden entgegengesetzten Richtungen und womöglich an verschiedenen Tagen; in der Schweiz fordert man überdies verschiedene Beobachter, verschiedene Instrumente und verschiedene Latten.

Geübte Beobachter des Militärgeographischen Instituts Wien beobachteten unter Einhaltung dieser Fehlergrenzen 6—10 Aufstellungen in der Stunde, $2{,}_5$—3 km pro Tag, mit 60 m normaler Maximalzielweite, in beiden Fernrohrlagen und mit Ablesung von drei Fäden (Andres, Ö. Z. f. V. 1919, S. 66 f.).

Laut Beschluß des Zentraldirektoriums der Vermessungen im preußischen Staate vom Jahre 1895 gilt ein Nivellement für gut, wenn der mittlere Fehler nicht mehr als 3 mm auf 1 km und noch als brauchbar, wenn er nicht mehr als 5 mm auf 1 km beträgt. Dieser mittlere Fehler bezieht sich auf das arithmetische Mittel aus Hin- und Rücknivellement der gleichen Strecke, so daß die zulässige Maximaldifferenz in den Ergebnissen eines Hin- und Rücknivellements bei guter Arbeit für 1 km 6 mm, bei noch brauchbarer Arbeit 10 mm beträgt.

In der Tschechoslowakei darf laut Verordnung vom 20. 1. 1920 (Gesetzessammlung 1920, Nr. 43) der größte wahrscheinliche Fehler des arithmetischen Mittels aus Hin- und Rücknivellement bei genauem technischen Nivellement 5 mm für 1 km nicht überschreiten. Die Höhenmarken genießen den Schutz als öffentliches Gut (Min. f. öff. Arb.). Als Instrumente sind solche mit drehbarem Fernrohr und Wende- oder Reversionslibelle anzuwenden.

Die allgemeinen Vorschriften für die Markscheider im preußischen Staate setzen die Fehlergrenze eines Nivellements in der Grube auf 1 : 20 000 der horizontalen Länge fest, so daß die Differenz zwischen Hin- und Rücknivellement auf 1000 m Länge 5 cm beträgt. (Die Fehlergrenze ist naturgemäß unter Tage weiter gehalten als über Tage.)

§ 63. Ausgangspunkte der Höhenangaben.

Das (1873—1899 ausgeführte) Präzisionsnivellement in den Nachfolgestaaten Österreich-Ungarns hat als Normalnull das Mittelwasser der Adria am Molo Sartorio in Triest, festgehalten durch die Höhenmarke im dortigen Finanzwach- und Flutmessergebäude (3,352 m über Mittelwasser).

Zusammenstellung der Festpunkte und Höhenangaben in „Die Ergebnisse des Präzisionsnivellements in der österr.-ungar. Monarchie", Wien, Staatsdruckerei, 1897—1899. Der wahrscheinliche Fehler einer doppelt nivellierten Strecke von 1 km Länge beträgt rund 3 mm. Nimmt man für die Nivellementslänge von Triest bis Brünn oder Prag etwa 600 km, so folgt als wahrscheinlicher Fehler dortiger Nivellementskoten etwa:

$$3\sqrt{L} = \pm 73\ \text{mm}\,.$$

Für Preußen wurde 1876 der Höhennullpunkt (Normal-Null = N.N.) in der Höhe des Nullpunktes am Amsterdamer Pegel festgesetzt und durch Höhenmarke (37,000 m über N.N.) an der Berliner Sternwarte (Enckeplatz) fixiert. Seit 1880 war dies Normalhöhenpunkt des Deutschen Reichs. In neuerer Zeit — vor Abbruch dieser Sternwarte — wurden als Ersatz des alten Normalhöhenpunktes fünf Punkte an der Straße Hoppegarten—Herzfelde östlich von Berlin unterirdisch (durch Bronzebolzen mit Achatkugel auf Pfeiler) festgelegt (Z. f. V. 1914, S. 51). Die absoluten Höhen werden in Deutschland nicht als Meereshöhen, sondern über Normalnull angegeben.

In der Schweiz ist Normalhöhepunkt der Pierre du Niton in Genf (Bronzeplatte) mit dem alten Horizont: 376,860 m über Meer, und dem neuen Horizont: 373,6 m über Meer (vgl. Höhenverzeichnis von Zürich, 1919).

§ 64. Merksätze zum Nivellieren.

Man nivelliert in der Regel aus der Mitte, wodurch der Fehler wegen nicht paralleler Lage von Zielachse und Libellenachse getilgt (eliminiert) wird. Der Okulartrieb darf — namentlich bei abgenützten Instrumenten — zwischen Rückblick und Vorblick nicht bewegt werden.

Im allgemeinen wird auch bei Feineinwägungen häufiger mit einspielender Libelle als mit Libellenausschlägen gearbeitet.

Instrumente, welche die Nivellierlibelle (mit Hilfe von Spiegel oder Prismeneinrichtung) vom Okular aus zum Einspielen bringen lassen, bieten dann, wenn kein eigener Libellenbeobachter zur Verfügung steht, bedeutende

Vorteile (Beschleunigung der Arbeit; größere Sicherheit im Horizontieren der Zielung, besonders auf nachgiebigem Boden; Genauigkeitssteigerung).

Höhenfestpunkte sind nur an gesicherten, gut fundierten Orten (auf festen Bauobjekten, auf natürlichem Fels, auf bis zur Frostgrenze reichenden starken Holzpfählen mit Blechkappe und Nagel, Prismen aus Naturstein oder Beton, oder Betonpfählen) zu wählen und durch Topographien (am besten mit Lichtbildern) leicht wieder auffindbar zu machen.[1]

Beim Suchen nach einer unvollkommen beschriebenen Höhenmarke („Moschganzen, Haus Nr. 19 des Andreas Lubez") ließ ich (1898) die neu verputzte Wand des im Fixpunktverzeichnis angegebenen Hauses im Einvernehmen mit dem Besitzer an verschiedenen Stellen abklopfen, ohne auf die Marke zu stoßen (Z. f. V. 1901, S. 259). Bei Besitzänderungen vermag auch der Hauseigentümer nicht zu helfen.

Für Anschlüsse an Höhenmarken mit horizontaler Bohrung habe ich wegen nicht genügender Gleichheit der Lochdurchmesser Stifte von verschiedener Stärke (3,5—4,2 mm) mitführen müssen. Das Ausputzen der Bohrung entfiel, wenn ein Drahtstift eingeschoben war, der für längere Zeit (durch Ölfarbe) vor Rosten zu schützen wäre.

Höhenpunkte (Steinmarken) auf Decksteinen von Durchlässen sind vorsichtig (meist nicht ohne Kontrolle) zu nehmen, wegen möglicherweise erfolgter Veränderungen gelegentlich von Ausbesserungen. Das gleiche gilt von Höhenpunkten auf Kilometersteinen, Grenzsteinen und Stufen, die oft gar nicht oder ungenügend fundiert sind und gelegentlich versetzt werden.

---

[1] Die Fixpunkte (auch jener des Präzisionsnivellements) sind nicht immer frei von Senkungen oder Hebungen. Ursachen davon sind entweder lokale Einflüsse, z. B. Setzungen auf Eisenbahndämmen, Brückenpfeilern usw. oder aber tektonische Bewegungen der Erdkruste, wie sie z. B. im südbayerischen Alpenvorland (als Folge von Gebirgsdruck) von M. Schmidt (Bayer. Ak. d. W. 1918 mit Linien gleicher Senkung, sog. Isokatabasen) nachgewiesen wurden. (Südöstliche Zunahme der Bodensenkung bis 83 mm bei Laufen.)

Von den Nivellementsbolzen sind die kugelförmigen den stabförmigen, die von böswilliger Hand durch Aufschlagen leicht verändert werden, vorzuziehen.

Als Wechselpunkte verwendet man fest eingebettete Kopfsteine, fest gelagerte Stein-, Eisen- und Holzobjekte, auf Gehwegen und Banketten: festgetretene Unterlagsplatten mit einem oder zwei Aufsetzpunkten („Schildkröten"), in Wiesen: festgeschlagene Holz- oder Eisenpflöcke, die nach Gebrauch herausgezogen und wieder verwendet werden können. Auf Eisenbahnschienen werden bei Feinarbeiten eiserne Fußplatten mit darauf befindlicher Halbkugel als Lattenaufstellpunkt mittels Zwinge und Flügelschraube an den Schienenkopf vorübergehend befestigt (Simplon- und Lötschbergtunnel-Nivellements, Schw. Z. f. V. 1919, S. 53).

Bei dem häufigen Standwechsel gewährt das Zapfenstativ, das auch das Abnehmen und Wiederaufsetzen des Instruments rasch ausführen läßt, gegenüber dem Tellerstativ wirtschaftlichen Gewinn; der Zapfen ist rasch genügend genau vertikal gestellt.[1]

In den Vereinigten Staaten hat sich bei Feineinwägungen auf Bahnlinien die Aufstellung und Befestigung des Instruments auf einem Motorbahnwagen bewährt.

Bei den vortrefflichen Kugelgelenkstativen bewährt sich ganz besonders Voglers Aufstellungsregel: zwei Stativbeine fest einzutreten und das dritte zunächst nach rechts oder links zu schwenken, dann niederzusetzen und seinen Fuß entsprechend vor- oder zurückzustellen.

Die Aufstellung auf dem Schotterbett von Eisenbahnen (oder die Lagerung eines Stativfußes dortselbst bei Aufstellung der anderen Stativfüße auf dem Bankette) ist nach meinen Erfahrungen standfest ausführbar, wenn man jeden Fuß auf gute Lagerung untersucht, allenfalls einzelne Steine oder die obere Schichte entfernt (vgl. auch Schw. Z. f. V. 1919, S. 53).

Über Standwechsel mit auf dem Stativ belassenen Instrument vgl. die Notiz in § 54. Zum Schutze gegen

---

[1] Als Zapfenstativ ist auch das zur Wild-Zeissschen Type I gehörige Kugelgelenkstativ aufzufassen.

Sonnenstrahlung und einseitige Erwärmung während des Übertragens wird über das Instrument eine Kappe aus Wachstuch gestülpt (in Ermangelung dessen ein Tuch).

Der Gehilfe, der bei Sonnenschein die Beschattung des Instruments besorgt, muß ruhig stehen und darf nicht in die Nähe der Stativfüße treten.

Die Ziellatte trägt meist Zentimeterteilung und Dosenlibelle zum Vertikalhalten. Der Fuß der Dezimeterbezifferung steht am besten in der Höhe des zugehörigen Teilstrichs. Die Richtigkeit der Dosenlibelle ist mit Senkel zu prüfen.[1]

5-mm-Latten erfordern größere Achtsamkeit vor groben Ablesefehlern und strengen die Augen bald an. (Ich mußte als junger Ingenieur nach einer Woche das Nivellieren mit 5-mm-Latte unterbrechen. Allerdings hatte ich von 6 Uhr früh bis über 7 Uhr abends mit nur einstündiger Unterbrechung zu Mittag gearbeitet.)

Für Feinarbeiten des Ingenieurs empfehle ich jetzt Adamczik's Zentimeter-Zackenteilung.

Hat man zwei Latten, so verwendet man 1. auf jedem Wechselpunkt immer nur eine Latte, 2. am Anfang und am Ende des Nivellierzuges die gleiche Latte.

Latten aus geradfaserigem Tannenholz mit Ölfarbanstrich ändern ihre Länge infolge Wechsel von Feuchtigkeit und Temperatur mit einer jährlichen Schwankung bis 0,5 mm pro Meter.[2] Für einen, oft für mehrere Tage kann gleiche Länge angenommen werden. Bei Nivellements mit großen Höhenunterschieden ist für jede Latte die mittlere Länge der Meter täglich festzustellen. (Strichmarken an der gerade zu lagernden Latte. — Feldkom-

---

[1] Über Größe und Einfluß von Lattenschiefe vgl. § 47.

[2] Bei einer gut geschützten kiefernen Meßlattenvergleichseinrichtung kann die jährliche Schwankung des Meters bis 0,25 mm angenommen werden. Die Länge dieser Vergleichseinrichtung ist vor jeder Lattenvergleichung neu zu ermitteln. Vgl. Lüdemann, Z. f. V. 1912 und 1914.

parator. — Allenfalls eingelagerter Invarstab. — Absolute und relative Längenvergleichungen, vgl. Lorber, Nivellieren, Wien 1894.)

Als neuere, wichtige Regeln der preußischen Landesaufnahme seien vermerkt: 1. Der Markenabstand wird jetzt nicht nur einmal täglich gemessen, sondern vor und nach jeder Halbtagsarbeit; das Mittel aus beiden Ergebnissen wird in Rechnung gezogen. 2. Die Latten werden zwischen den Gebrauchszeiten dort aufbewahrt, wo die Außenluft möglichst freien Zutritt hat, um das Holz der Latte in Ruhe zu lassen. 3. Um Ungleichheit der Refraktion in Rück- und Vorblick tunlichst zu verhüten, werden Visuren nahe dem Boden vermieden, und zwar bei Zielweiten unter 25 m Visuren unter 25 cm über Erde, bei Zielweiten über 25 m Visuren unter 50 cm über Erde (Holm, Z. f. V. 1914).

Für Feinnivellements nimmt man Latten nicht über 3 m Länge.

Bei den Instrumenten mit umlegbarem Fernrohr und frei aufsetzbarer Libelle werden die Beobachtungen mit Fernrohrtrieb oben in beiden Libellenlagen und mit Fernrohrtrieb unten in beiden Libellenlagen zu einem Mittel vereinigt. (Auch das Seibt-Breithauptsche Feininstrument hat umlegbares Fernrohr und freie Libelle. Das Seibtsche Feinnivellierverfahren kann aber auch mit anderen Feininstrumenten ausgeführt werden, nur muß die Libelle zur Neigungsbestimmung geeignet sein.

Beim Seibtschen Verfahren werden Parallelnivellements mit seitlichen Doppelwechselpunkten und gemeinsamen Instrumentenstandpunkten ausgeführt; es werden Wendelatten benützt, deren Teilungseinheit 4 mm ist und deren Bezifferung Doppeldezimeter bedeutet; das Fadenkreuz wird auf die Mitte des in der Nähe der horizontalen Visur liegenden Teilungsfeldes eingestellt (Ableseeinheit = 2 mm) und der Libellenausschlag in Rechnung gestellt. Die Reduktion der Lattenablesung auf den Horizont ist $\Delta L = E \operatorname{tg} \alpha$, wo E die aus den Distanzfäden sich ergebende Lattendistanz und α den Neigungswinkel der Visur bedeutet. Die Beobachtungen umfassen 1. Rückblick: Vorderseite und Rückseite der Latte, 2. Vorblick: Vorderseite und Rückseite, 3. Vorblick: Rückseite und Vorderseite, 4. Rückblick: Rückseite und Vorderseite der

Latte (acht Beobachtungen). Das Seibtsche Verfahren ergibt mehrere Beobachtungskontrollen (siehe Zentralbl. d. Bauverw. 1892, S. 141; 1893, S. 197; 1898, S. 153ff.) und wird im „Bureau für Hauptnivellements und Wasserstandsbeobachtungen"' (Min. f. öff. Arb.) in Preußen seit 1877 angewendet, wobei der mittlere Fehler des arithmetischen Mittels aus Hin- und Rücknivellement für 1 km mit rund $\pm$ 0,7 mm erreicht wurde. Seibts Nivelliermethode ist auch im Auslande vielfach angewendet worden, in neuerer Zeit z. B. bei Feinnivellements des hydrographischen Bureaus Helsingfors (1911—13), wo bei Zielweiten zwischen 40 bis 60 m der mittlere Fehler für 1 km 1,0—1,5 mm betrug. Die Wendelatten wurden dort auf Eisenbahnschienen über mit Kreide markierten Punkten, an Straßen auf eingeschlagenen eisernen Piketten, gehalten (Z. f. V. 1914, S. 385).

Als moderne „Kompensationsinstrumente" bewähren sich die Nivellierinstrumente mit drehbarem Fernrohr und Doppellibelle. Man zieht das arithmetische Mittel aus den Ablesungen in beiden Libellenlagen in Rechnung.

Die leider sehr teure Keilstricheinstellung des Wild-Zeissschen Nivelliers Type III hat sich in Verbindung mit zwei Invarnivellierlatten bei Feinstnivellements sehr gut bewährt: Z. B. beim Nivellement der Stadt Zürich 1915—1917 (m. F. $\pm$ 0,5 mm für 1 km; Schw. Z. f. V. 1920, S. 22) und beim Nivellement durch den 15-km-Gotthardtunnel 1917 (m. F. rund 1 mm für 1 km Doppelnivellement, Schw. Z. f. V. 1917, S. 314). Im Tunnel wurde nach Durchlüftung, nachts $^1/_2$12—$^1/_2$8 Uhr früh nivelliert mit Zielweite 25 m; zur Beleuchtung von Latte und Instrument dienten Azetylenlampen mit Reflektoren.

Für Nivellements mit doppelten Wechselpunkten oder mit wiederholter Ablesung der gleichen Lattenstellung nach wiederholter Libelleneinstellung ist nicht außer acht zu lassen, daß die Genauigkeit der Arbeit innerhalb gewisser Grenzen eine Funktion der Zeit ist. Für viele Zwecke des Ingenieurs wird ein Hin- und Rücknivellement mit einfachen Wechselpunkten, jedes für sich möglichst rasch und geschlossen — gleichsam in einem Guß, jedoch unter Bedachtnahme auf Tilgung der Instrumentalfehler — ausgeführt, am besten entsprechen. Wenn möglich nivellieren zwei Ingenieure unabhängig voneinander. (Eine Wiederholung dieser einfachen Arbeit in unabhängiger Art wird bei gewünschter Genauigkeitssteigerung einem Nivellement mit vermehrten Arbeiten innerhalb einer Station oft vorzuziehen sein.) Als gutes Mittel gegen Ablesefehler hat sich mir die nochmalige kontrollweise Ablesung nach erfolgter Aufschreibung stets bewährt; sie stärkt auch das Gefühl der Sicherheit im Arbeiten.

Meßproben. Die Doppelnivellements sind möglichst unabhängig voneinander in entgegengesetzten Richtungen, zu verschiedener Zeit mit neuen Aufstellungen von Instrument und Latte auszuführen.

Zur Kontrolle der Rechnung ist das Gefälle nicht nur aus den Höhenunterschieden der einzelnen Stationen, sondern auch aus der Summe der Rück- und Vorblicke zu ermitteln.

Durch Nivellieren mit doppelten Wechselpunkten oder mit Wendelatte wird die Ablesung geprüft und verfeinert. Guten Schutz gegen Ablesefehler bieten Lattenteilungen mit dekadischer Ergänzung. (Um auch den Fehler beim Libelleneinstellen herabzudrücken, kann man auf jeder Station wiederholte Ablesungen nach Verstellen und wieder zum Einspielen bringen der Libelle ausführen. Man beobachtet dann systematisch: Rückblick, Vorblick, neue Libelleneinstellung, Vorblick, Rückblick.)

Ein Nivellierzug zwischen zwei Neupunkten ist erst dann einwandfrei gesichert, wenn er mit anderen Zügen durch eine Schleife geschlossen ist.

Bei vorgeschriebenem mittleren Kilometerfehler k ist die Maximaldifferenz von Doppelnivellements

$$d = k\sqrt{2}\cdot\sqrt{L};\ L \text{ in km, } k \text{ und } d \text{ in mm.}$$

Ein Doppelnivellement unter besonders schwierigen Verhältnissen wurde durch den 20-km-Simplontunnel ausgeführt; die Bauarbeiten waren zu diesem Zwecke Ende März 1906 durch fünf Nächte eingestellt. Es nivellierten vier Gruppen, und zwar mit einspielender Libelle und zur Vermeidung anomaler Refraktionseinflüsse mit nur kurzen, mittels Schnur abgesteckten Zielweiten von 24 m. Jede Gruppe hatte die halbe Tunnellänge zu bewältigen. Zwei der Beobachter nivellierten von der Tunnelmitte entgegengesetzt nach außen, die anderen zwei Beobachter in entgegengesetzten Richtungen von außen nach innen. Innerhalb einer jeden Tunnelhälfte kreuzten sich zwei Beobachtungsgruppen. Außerhalb des Tunnels wurden Instrument und Latten durch starke Schirme vor den häufigen Windstößen (und gleichzeitig vor den heißen Sonnenstrahlen) mit Erfolg geschützt. Der mittlere Fehler des Doppelnivellements war $\pm$ 0,7 mm (Z. f. V. 1911, S. 685).

Besonderes Interesse bietet auch das Nivellement über den Großen St. Bernhard mit 2000 m Höhenunterschied auf 46 km Länge (1905 und 1906). Es wurde mit einspielender Libelle gearbeitet und, um störenden Refraktionsanomalien auszuweichen, mit nur kurzen Zielweiten, ferner nur am frühen Morgen und nachmittags ab 4 Uhr. Bei mäßigem Winde wurde auch hier der Windschirm angewendet. Eine besondere Sorgfalt wurde im Hinblick auf den großen Höhenunterschied der Lattenvergleichung zugewendet. Der mittlere Fehler eines einfachen Nivellements war durchschnittlich rund $\pm$ 0,6 mm, ein für Gebirgsnivellements hervorragendes Ergebnis (vgl. Hammer in Z. f. I. 1907, S. 377; 1908, S. 13).

§ 65. Zenitwinkel- und Höhenwinkelmessung.

Der Höhenkreis bewegt sich mit dem Fernrohr; der Index bleibt fest. Für Kreislage links (I) ist Nonius (Mikroskop) I auf Seite des Okulars.

1a. Durchlaufende Bezifferung am Höhenkreis, rechtssinnisch (↖‿).

z = Zenitdistanz, R = Lesung (für Minuten und Sekunden das Mittel aus diametralen Lesungen) für Kreislage rechts, L = Lesung für Kreislage links. O = Ort des Zenits (Indexfehler).

$$z = \frac{L - R}{2}; \quad O = \frac{L + R}{2}.$$

Im Falle $L < R$ ist $(L + 360^0)$ einzusetzen.
Für Messung in einer Kreislage ist:

$$z = L - O \quad \text{und} \quad z = O - R.$$

In Kreislage links (I) liest man den Zenitwinkel z, in Kreislage rechts dessen Ergänzung auf 360°.

1b. Durchlaufende Teilung, widersinnisch (‿↗).

$$z = \frac{R - L}{2}; \quad O = \frac{R + L}{2},$$

Für Messung in einer Kreislage ist:

$$z = R - O \quad \text{und} \quad z = O - L.$$

Diese Formeln setzen voraus, daß zwischen den Ablesungen R und L keine Neigungsänderung des Nonius- oder Mikroskopträgers stattgefunden hat. Die Gewähr hierfür gibt eine Versicherungslibelle, die bei Instrumenten der Ingenieurpraxis vor der Kreisablesung stets zum Einspielen gebracht wird. Bei großen Instrumenten (für astronomische Beobachtungen) macht man bei nicht scharf einspielender Versicherungslibelle die Kreisablesungen R' und L' und zieht den Libellenausschlag in Rechnung. Die verbesserten Kreisablesungen sind dann:

$$R = R' + a \quad \text{und} \quad L = L' + a_1.$$

Für Libellen mit unterbrochener Teilung ist dann, wenn τ'' = Libellenangabe:

$$a'' = \frac{\tau}{2}(i - a), \quad \text{wenn } i > a$$

oder

$$a'' = \frac{\tau}{2}(a - i), \quad \text{wenn } a > i.$$

Analog folgt a_1 mit a_1 und i_1.

(i bzw. i_1 = innerer, a bzw. a_1 = äußerer [zum Ziele gekehrter] Libellenrand.)

Für Libellen mit durchlaufender Teilung (von links nach rechts beziffert) ist:

$$\alpha = \tau'' \left[M - \left(\frac{i + a}{2} \right) \right]$$

bei rechts gesenkter Versicherungslibelle,

$$\alpha = \tau'' \left[\frac{i + a}{2} - M \right]$$

bei links gesenkter Versicherungslibelle.

(Der größere Wert ist stets Minuend.)

Ob die Korrektion zu addieren oder zu subtrahieren ist, ergibt die Überlegung unter Berücksichtigung der Art der Kreisbezifferung.

2. Quadrantenbezifferung für Höhen- und Tiefenwinkel.

(Im Vollkreis vier Quadrantenteilungen 0—90°, ausgehend vom Nulldurchmesser 0—0 nach entgegengesetzten Richtungen. Zum Ablesen: Doppelnonien.)

Aus den Ablesungen h_1 und h_2 in beiden Kreislagen folgt:

der richtige Höhenwinkel: $h = \frac{h_1 + h_2}{2}$,

der Indexfehler: $i = \frac{h_1 - h_2}{2}$.

Vorausgesetzt ist, daß für beide Kreislagen die Neigung des Nonienträgers (der Indexfehler) gleich groß ist, so daß $h = h_1 - i = h_2 + i$.

Der Indexfehler (die Indexabweichung) ist die Ablesung, die man bei einspielender Libelle (vertikaler Stehachse) und bei horizontaler (bzw. vertikaler) Zielung erhält.

Zur Beseitigung des Indexfehlers ermittelt man für ein scharfes Ziel den wahren Höhenwinkel h aus zwei

Kreislagen. Dann justiert man so, daß die Ablesung (bzw. das Mittel aus diametralen Ablesungen) am Höhenkreis diesen wahren Höhenwinkel ergibt und bringt die Versicherungslibelle mittels ihren Richtschräubchen zum Einspielen. Die Beseitigung des Indexfehlers ist namentlich in der Tachymetrie wichtig, da in nur einer Kreislage abgelesen wird.

Bei Höhenwinkelmessungen mit Universalnivellierinstrumenten oder Nivelliertheodoliten (nämlich mit Nivellierlibelle auf dem Fernrohr; Libellenachse parallel zur Visur, durch Nivellierprobe sichergestellt!) liest man am Höhenkreis zunächst bei einspielender Libelle, dann bei Einstellung aufs Ziel ab.

3. Halbkreisbezifferung mit zwei diametralen Nullpunkten und rechtssinnischer Bezifferung (zweimal 0—180°).

Bei Kreis links (I) liest man auf Nonius I (auf Seite des Okulars) die Zenitdistanz, bei Kreis rechts (II) die Nadirdistanz ab. Ist für (I) das Nonienmittel L, für (II) das Nonienmittel R, so ist

der wahre Höhenwinkel $\alpha = \frac{R - L}{2}$,

der Indexfehler $i = \frac{L + R}{2} - 90^0$

§ 66. Trigonometrische Höhenmessung.

Für kleinere Entfernungen bis etwa 500 m ist der Höhenunterschied (Zielpunkt bis Instrumentenhorizont):

$$h = e \operatorname{tg} \alpha . \tag{1}$$

e = Horizontaldistanz, α = Höhenwinkel. e wird direkt oder mittelbar gemessen, oder aus Koordinaten gerechnet oder — bei kleinerem Höhenunterschied — aus einem Plane entnommen unter Berücksichtigung des Papiereingangs, so daß $e = \varepsilon\left(1 + \frac{p}{100}\right)$.

Bei ungefähren Turm- und Baummessungen genügt für α ein Freihandhöhenwinkelmesser.

Bei größeren Entfernungen (wie sie bei der Höhenbestimmung von Triangulierungspunkten 3. und 4. Ordnung vorkommen) ist der Einfluß von Erdkrümmung und Strahlenbrechung zu berücksichtigen:

$$H_2 = H_1 + I - S + e \operatorname{tg} \alpha + \frac{e^2}{2R}(1 - k) \qquad (2$$

H_1 = Seehöhe des Standpunktes, I = Instrumentenhöhe, H_2 = Seehöhe des signalisierten Bodenpunktes, S = Signalhöhe (Zielpunkt über dem Boden), R = Erdhalbmesser, k = Refraktionskoeffizient. (Refraktionswinkel $r = {}^1/_2\, k\gamma$, wenn γ = Zentriwinkel.) k schwankt je nach dem Zustand der Atmosphäre zwischen 0,1 und 0,2 mit einer jährlichen und einer täglichen Periode; k ist morgens und abends am größten, mittags am kleinsten. Für den üblichen Mittelwert $k = 0{,}13$ folgt

$$\frac{e^2}{2R}(1 - k) = 0{,}0685\, e^2 .$$

Dieses Glied ergibt sich in Metern, wenn e in Kilometern eingesetzt wird, z. B. mit 1,1 m für $e = 4$ km. Hingegen wird e in ($e \operatorname{tg} \alpha$) in Metern eingesetzt.

Wegen der Unsicherheit von k führt man einfache trigonometrische Höhenmessungen nicht gern auf größere Entfernungen (etwa nicht über 2—3 km) aus. Allenfalls wählt man einen Zwischenpunkt, von dem man nach beiden Endpunkten mißt.[1]

[1] Über großen Wasserflächen kann der Refraktionskoeffizient k ungewöhnlich groß sein. So wurde bei der trigonometrischen Aufnahme der Flugbahn des Zeppelin über dem Bodensee (1900) $k = 1{,}3$ ermittelt! (Diese Aufnahme bezweckte den Nachweis der Lenkbarkeit. Die Beobachtungen erfolgten von drei Punkten aus in Zeitabschnitten von genau 3 Minuten. Zielpunkt: vordere Gondel. Der mittlere Fehler der Punktlage war etwa $\pm$ 12 m, der mittlere Fehler der Höhen etwa $\pm$ 3 m.) Z. f. V. 1900.

Bei gleichzeitiger Messung gegenseitiger Zenitdistanzen ist der Höhenunterschied fast frei vom Refraktionseinfluß:

$$H_2 - H_1 = e \operatorname{tg} \frac{z_2 - z_1}{2} \qquad (3$$

z_1 und z_2 = Zenitdistanzen, in welchen die I und S berücksichtigt sind.

Ferner folgt:

$$k = 1 + \frac{180^0 - (z_1 + z_2)}{\gamma},$$

wobei γ möglichst groß zu machen ist. (Ist $z_1 + z_2$ auf 10″ unsicher, so wird bei $e = 10$ km das k auf 0,03 unsicher.)

Durch Vergleich der Ergebnisse trigonometrischer Höhenmessungen aus gegenseitigen Zenitdistanzen nach Formel (3) mit den Ergebnissen von Nivellements fand sich im Staate New York für durchschnittlich 15 km Distanz die durchschnittliche Differenz von rund $\pm$ 0,5 m (Z. f. V. 1884, S. 211).

„Halbtrigonometrisches Flächennivellement“: Bestimmung der Höhenunterschiede vermarkter Punkte (Grenzsteine) durch Entnahme der Distanzen aus dem Lageplan (Korrektur wegen Papiereingang aus Diagramm) und Messung der Höhenwinkel (Z. f. V. 1890, S. 642).

§ 67. Trigonometrische Querprofilmessung.

Das trigonometrische Höhenmessen mit Hilfsdreieck (wo e durch Vorwärtsabschneiden ermittelt wird) liefert Meß- und Rechenprobe und wird auch zur Bestimmung unzugänglicher Höhenpunkte in Querprofilen verwendet, wie dies von Dipl.-Ing. Dafinger in der Praxis des Alpenbahnbaues geschehen ist, z. B. zur Ermittlung von Steilprofilen in Schluchten beim Bau von Brücken und Viadukten usw. Solche Querprofilpunkte auf Fels werden entweder vor der Aufnahme einem angeseilten Gehilfen eingewiesen und von diesem mit roter oder weißer Ölfarbe vermerkt oder es werden ohne vorherige Markierung auffallende Punkte (Felskanten, Grasbüschel u. dgl.) gleichzeitig von zwei Standpunkten aus beobachtet, wobei das eine der Instrumente im Querprofil aufgestellt ist und zum Aufsuchen der auffallenden Merkpunkte dient. (Unter Umständen wird auch das zweite Instrument, also die ganze Basis, im Querprofil gewählt.)

In zugänglichem Gelände werden die Höhenpunkte durch Zielscheibe mit festem Bodenabstand signalisiert und zweckmäßig wieder von beiden Standpunkten gleichzeitig aufgenommen. Bei scharfer Signalisierung, scharfer Distanz- und Winkelmessung und guten Schnittwinkeln ergibt die Meßprobe bei Distanzen von etwa 100 m eine Übereinstimmung der Höhen bis auf wenige Millimeter.

Unter Umständen erscheinen im Felsgebiete „Photoquerprofile" zweckdienlich (Verf. in Photogr. Korresp. 1918): Das aufzunehmende Profil wird entweder durchlaufend durch breite schwarze oder weiße Köpperbänder signalisiert oder nach charakteristischen Punkten durch weiße Papierdüten, Aststücke, Stein auf Papier u. dgl.; ein vertikaler Fluchtstab wird als Maßstab im Profil aufgestellt und das ganze in Richtung senkrecht zum Profil photographiert.

§ 68. Tachymetrische Aufnahmen. — Formeln.

Die Grundlage bilden Kleintriangulierung oder Polygonzüge (mit meist optischer Längenmessung) und Nivellements.

$$D = K\,L \cos^2 \alpha + k \cos \alpha\,,$$
$$h = K\,L \sin \alpha \cos \alpha + k \sin \alpha\,,$$
$$H = h + I - V\,,$$
$$S_L = S_I + H\,.$$

D = Distanz; K und k Instrumentenfestzahlen; α = Höhenwinkel der Mittelvisur; h = Höhe der Mittelfadenablesung über dem Instrumentenhorizont; H = Höhenunterschied zwischen Latten- und Instrumentenstandpunkt; I = Instrumentenhöhe; V = Mittelfadenablesung über dem Lattenfußpunkt; S_L = Seehöhe des Lattenstandpunkts, S_I = Seehöhe des Instrumentenstandpunkts.

Bei Aufnahmen für ein Maßverhältnis $\leqq 1/_{5000}$ (also auch bei allen topographischen Aufnahmen 1 : 10000, 25000, 50000) kann k vernachlässigt werden.

Um die Ausrechnung (namentlich bei unrundem K) bequemer zu gestalten, setzt man (für Neigungen bis etwa 20° genügend genau):

$$D = (K\,L + k)\cos^2\alpha = 100\,L'\cos^2\alpha$$

und

$$h = (K\,L + k)\sin\alpha\cos\alpha = 100\,L'\sin\alpha\cos\alpha\,.$$

L' = „reduzierter Lattenabschnitt" (aus Tabelle mit dem Eingang L).

§ 69. Regeln zur Tachymetrie.

Außer den Konstanten K und k muß der Indexfehler des Höhenkreises bekannt sein. Es ist vorteilhaft, einen solchen Indexfehler zu beseitigen.

Man ermittelt den Indexfehler des Höhenkreises aus zwei Kreislagen und korrigiert je nach der Einrichtung die fliegenden Nonien oder die Versicherungslibelle, so daß bei einspielender Libelle der berechnete Höhenwinkel abgelesen wird. Hat das Instrument für Höhenwinkelmessungen nur Fernrohrlibelle, so wird die Libellenachse parallel zur Zielachse gemacht (nach Prüfen durch Nivellement aus der Mitte und vom Ende); sodann wird nachgesehen, ob bei einspielender Fernrohrlibelle die Höhenkreisablesung 0° ist. Ein etwaiger Indexfehler wird durch die Richtschräubchen der Nonien beseitigt.

Die Instrumentenstandpunkte sind nach Anzahl und Lage so zu wählen, daß die Aufnahmeweite gewöhnlich nicht über 80—100 m geht.

Nach Aufstellung des Tachymeters wird zunächst die Instrumentenhöhe (Horizonthöhe) gemessen, allenfalls wird mit Horizontalvisur an einen Höhenfestpunkt angeschlossen. Dann legt man die Orientierungsrichtung an beiden Nonien fest. Diese Richtung wird zweckmäßig vor Verlassen der Station nochmals eingestellt und abgelesen.

Manche empfehlen die Ablesung für die Orientierungsrichtung auf 0° 0′ zu bringen. Das ist überflüssig, weil man beim Auftragen den Nullpunkt des Transporteurs in die gleiche relative Lage zur Orientierungsrichtung bringen kann. (Besonders zweckmäßig ist die Benützung des Rolltransporteurs von G. Starke.)

Verbindet man aus speziellen wirtschaftlichen Gründen ausnahmsweise die Winkelmessung im Polygonzug mit der tachymetrischen Detailaufnahme, so ist erstere in beiden Kreislagen vor Beginn der letzteren abzuschließen.

In der Ebene und im Flachlande arbeitet man mit Horizontalvisuren ($\alpha = 0$). Sind aufeinanderfolgende Horizontalvisuren nicht möglich, dann stellt man den unteren Faden (die kleinste Ablesung) auf einen runden Dezimeterstrich (z. B. 1,0 m). Die Ablesung des Mittelfadens ist zwar nicht notwendig, bietet aber eine Kontrolle für die Ablesung der Distanzfäden, die „mit einem Blick“ erfolgen muß. Den Mittelfaden auf eine Zielscheibe einzustellen, die in Instrumentenhöhe auf der Latte angeheftet ist ($I = V$), wodurch $H = h$ wird, empfiehlt sich nur im offenen Gelände, wo kein Strauchwuchs stört.

Bei ineinander schiebbaren Latten achte man darauf, daß sie sich beim Gebrauche nicht verstellen. Zusammenklappbare Latten sind vorzuziehen. Das Festbinden einer leichten Latte auf eine Stange, so daß der Lattenfuß vom Boden 1 oder 2 m absteht, ist nur ausnahmsweise (bei flüchtigeren Arbeiten im Buschwerk) gestattet, das Lotrechtstellen erfolgt mit Dosenlibelle oder Senkel.

Die Ablesung am Horizontal- und Höhenkreis erfolgt für Detailpunkte nur am Nonius I und nur auf Minuten: Der Nonius I des Horizontalkreises befindet sich auf der Seite des Höhenkreises. Für die Ablesungen gilt die Reihenfolge: Latte, Höhenkreis, Horizontalkreis. Nach den Lattenlesungen wird dem Lattenträger sofort abgewinkt, damit er während der anderen Ablesungen den nächsten Punkt aufsuche und nicht durch überflüssig langes Halten ermüde.

Der Arbeitsfortschritt ist zum großen Teil von der Beweglichkeit, Geschicklichkeit und Arbeitsfreude der Lattenträger abhängig, man wähle jüngere Kräfte, denn bis zu einem gewissen Grade geben die Meßgehilfen den Geschwindigkeitskoeffizienten an.

Die Punktwahl zur Geländecharakteristik erfolgt entweder nach Profilen oder nach Schichtenlinien (Leitkurven!).

Beim Tachymetrieren arbeiten am besten zwei (verträgliche) Ingenieure miteinander, der eine am Instrument, der zweite, erfahrenere, als Punktanweiser und Handrißführer, also Aufnahmeleiter. Arbeitet ein Ingenieur allein, so muß er die Punkte vorher selbst anweisen und allenfalls auspflocken lassen. In beiden Fällen sind Fünferzeichen (Pfeiferlsignal oder Zuruf) zur Kontrolle der Numerierung in Kroki und Feldbuch notwendig.

Kroki und Feldbuch sind so klar und deutlich zu führen, daß es jeder andere Sachverständige verwerten kann. Nord soll immer oben sein. Der Bleistift wird ans Ende einer Schnur gebunden, die an ein Knopfloch festgeknüpft wird, um die Hände rasch frei zu haben.

Die Berechnung der Tachymeterpunkte kann erfolgen: 1. mit logarithmisch-tachymetrischem Rechenschieber, 2. mit Zahlentafeln (z. B. Jordans Hilfstafeln für Tachymetrie, oder jene von Jadanza, in deutscher Übersetzung von Hammer), 3. mit Strahlendiagramm (Jordan, Vogler), 4. mit Strahlendiagramm nebst Einstellvorrichtung („Tachymeterschieber" Teischinger und „Tachymeterschieber" Puller).[1]

Nach Teischinger, der 220 km Bahnlänge mit etwa 700000 Punkten tachymetrisch aufgenommen hat, stehen die Leistungsfähigkeiten seines Tachymeterschiebers, des Rechenschiebers und der Rechentafeln im Verhältnis 10 : 4 : 3. Während mittels Tachymeterschieber bei 10stündiger Arbeitszeit 1500—1800 Punkte ausgewertet waren (jede Rechnung entfällt dabei), waren mit Rechenschieber 600—700 Punkte gerechnet. Für sehr umfangreiche Auswertungen machen sich daher die Tachymeterschieber nach etwa $3^1/_2$ Monaten durch Ersparnis an Zeit und Arbeitskraft bezahlt

[1] Vgl. Jordans Handb., Bd. II.

(vgl. auch Puller, Z. f. V. 1901, S. 228 und Gelbcke, Eisenbahnvorarbeiten, München 1895).

Man rechnet die Distanzen gewöhnlich bis auf Dezimeter, die Höhen bis auf Zentimeter.

Sind nur Anfangs- und Endpunkt eines Tachymeterzuges durch Nivellement festgelegt, so sind die Einzelhöhenunterschiede der Tachymeterpunkte proportional den Entfernungen auf den Gesamthöhenunterschied als Sollwert auszugleichen.

Beim Auftragen langgestreckter Aufnahmen (mit Windungen des Aufnahmsobjekts) empfiehlt es sich, zunächst ein Übersichtsblatt mit der Triangulierungskette oder den Hauptpolygonzügen auf Millimeterpapier herzustellen, um danach die Lage der Formate und die Lage des Achsenkreuzes für die Koordinaten zweckmäßig wählen zu können.

Die Triangulierungspunkte werden nach Koordinaten aufgetragen; desgleichen die Hauptpolygonpunkte, bei denen man aber ein nach Koordinaten aufgetragenes Quadratnetz mit runder Maschenweite zugrunde legt.

Die gewöhnliche Kreistachymetrie genügt im allgemeinen nicht mehr, wenn der Maximalpunktfehler kleiner als etwa 0,2 m sein soll.

Für die logarithmische Tachymetrie (der ersten Präzisions- oder Feintachymetrie) definiert ihr Begründer A. Tichy die Genauigkeit so, daß jeder aufgenommene Punkt innerhalb einer um den wahren Punkt gedachten Kugel von 5 cm Halbmesser liegen soll.

In der Schweiz wurde die Präzisionstachymetrie nach verfeinertem Reichenbachschen Verfahren (unter Verwendung einer Strebenlatte mit 5-mm-Teilung und Dosenlibelle) auch bei Katastermessungen eingeführt. Bei Polygonpunkten und Grenzpunkten wurde wiederholt, an zwei möglichst weit voneinander entfernten Stellen der Latte, abgelesen, bei weniger wichtigen Detailpunkten wurde nur eine Ablesung gemacht. Die Polygonseiten wurden hin und zurück gemessen und hatten etwa 60—70 m Länge. Aus zahlreichen optischen Doppelmessungen ergab sich der mittlere Fehler einer Einzelmessung $m_1 = \pm 0{,}068$ cm per Meter und der mittlere Fehler des arithmetischen Mittels aus zwei Messungen $m_2 = \pm 0{,}062$ cm per Meter. (Zum Vergleich wurde der mittlere Fehler des Mittels aus zwei Messungen mit 5-m-Latten ermittelt: $m_2 = \pm 0{,}043$ cm per Meter.) Die Präzisionstachymetrie ergibt gegenüber der direkten Messung im steilen Gelände nennenswerte Zeitersparnis. Dabei genügt die Genauigkeit vollständig bei Darstellung im Maßstab $^1/_{2000}$, und im steilen, weniger wertvollen Gelände bei Benutzung starker Fernrohrvergrößerung unbedenklich auch für Darstellung in $^1/_{1000}$ (Röthlisberger, Z. f. V. 1906, S. 233).

Eine Erhöhung der Genauigkeit für optische Polygonzug- und tachymetrische Messungen wird auch durch Hohenners Fadendistanzmesser erreicht.[1] Die Probemessungen zeigen gute Übereinstimmung mit Lattenmessungen und Nivellements. Die mittleren Fehler der einmal bestimmten Horizontalentfernungen D und Höhenunterschiede sind etwa $\pm \frac{D}{3000}$ und $\pm \frac{D}{5600}$.

Die Feintachymetrie bezweckt oft nur die genauere Festlegung von Polygonseiten in schwierigem Gelände, weniger oft genauere Detailaufnahme. Man braucht ein leistungsfähiges, gut berichtigtes Instrument, eingeübte Beobachter und Gehilfen, scharf geteilte und geeichte Latten mit Dosenlibelle und Spreizen. Manchmal wird horizontale Distanzlatte verwendet, um ungleiche Refraktion im Lattenabschnitt (Differentialrefraktion) zu vermeiden.

Außer den weitest verbreiteten einfachen Kreistachymetern werden verwendet selbstreduzierende Tachymeter, welche die Rechenarbeit ganz oder teilweise ersparen lassen und Meßtischtachymeter (Tachygraphometer). Zu den „selbstreduzierenden Tachymetern" gehören die Schiebetachymeter[2] Kreuter-Ertel und Wagner-Fennel, beide für Latte senkrecht zur Visur, dann das Kontakttachymeter Sanguet und der Schnellmesser

[1] Einstellung beider Fäden auf Feldmitte durch Verschieben einer Schaltlinse.

[2] Mit distanzmessendem Fernrohr und Projektionsmaßstäben zur Einstellung der schiefen Distanz und Ablesung von Horizontaldistanz und Höhe.

Puller-Breithaupt, beide für vertikale Latte[1], und das sinnreiche „selbstreduzierende Tachymeter" Hammer-Fennel mit Diagramm im Gesichtsfeld zur Ablesung der Lattenabschnitte L_1 und L_2, welche $D = C_1 L_1$ und $h = C_2 L_2$ ergeben ($C_1 = 100$, $C_2 = 20$).

Die Meßtischtachymetrie verwendet eine gewöhnliche Tachymeterkippregel oder die selbstreduzierende Tachymeterkippregel Hammer-Fennel. Vielfach haben sich die Schiebetachygraphometer Wagner-Fennel und Puller-Breithaupt bewährt.

Mit Puller-Breithaupt wurden bei Eisenbahnvorarbeiten in mittelschwierigem Gelände auf 400 m Breite täglich 1 km mit 500 Punkten aufgenommen.

Die Meßtischtachymetrie (Tachygraphometrie) bietet gegenüber der Zahlentachymetrie den Vorteil, daß die Kartierung und Höhenrechnung im Anblick der Natur gleich bei der Aufnahme bequem und sicher (mitlaufend) geprüft wird und daß das Auftragen eines Punktes nach einer falschen Richtung, wie dies bei der Zahlentachymetrie vorkommt, ausgeschlossen ist. Die größere Feldarbeitszeit spielt dort keine Rolle, wo mit anhaltend günstigem Wetter und schlechten Unterkunftsverhältnissen zu rechnen ist (bei Vorarbeiten für Eisenbahnbauten in regenarmen Gegenden mit Schlafstätten im engen Raum eines Zeltes, z. B. Sandschakbahn 1908). Wir finden die Meßtischtachymetrie aber auch in der Schweiz für größere Eisenbahnvorarbeiten mit Vorliebe verwendet. Doch läßt sich in unseren Ländern unter den gegebenen Verhältnissen der Standpunkt wirtschaftlich leicht begründen, der im allgemeinen der Zahlentachymetrie den Vorzug gibt, ohne die Tachygraphometrie für vereinzelte Fälle auszuschließen.

Die Genauigkeit einer mit Kreistachymeter bestimmten Hektometerstrecke kann bei rascher Arbeit eingeübter Arbeitsgruppen mit etwa 20 cm bzw. 10 cm für Lage bzw. Höhe des Zielpunktes veranschlagt werden. Diese mittlere Unsicherheit, die ungefähr auch für gut berichtigte Schiebetachymeter gelten kann, ist für gewöhnliche Vor-

[1] Erfahrungsgemäß ist Stellung der Latte vertikal genauer erreichbar als senkrecht zur Visur.

arbeiten des Ingenieurs ausreichend, ebenso wie jene des Tachymeters Hammer-Fennel, die nach verschiedenen Untersuchungen (zuletzt von Haerpfer, Z. f. V. 1915) für Lage und Höhe einer Hektometersicht etwa 30 cm (F.V. $^1/_{300}$—$^1/_{400}$) bzw. 10 cm beträgt.

Der „absolute" mittlere Fehler in der räumlichen Lage eines Zielpunktes setzt sich aus der vorgenannten Unsicherheit in der Punktbestimmung relativ zum Instrumentenstandpunkt und aus der Unsicherheit des Instrumentenstandpunktes zusammen.

Die vorgenannten Instrumente werden demnach die Lage und Höhe der Geländepunkte in bezug auf weiter entfernte Ausgangspunkte (Trigonometer) mit den mittleren Fehlern von etwa 50 cm bzw. 20 cm sicher leicht ergeben, was für Ingenieurzwecke zumeist genügt. In der topographischen Tachymetrie, wo mit viel größeren Zielweiten als in der „Ingenieurtachymetrie" gearbeitet wird, kann die Unsicherheit von Lage und Höhe eines Punktes ein paar Meter bzw. Dezimeter erreichen.

Für Höhenlinien topographischer Landesaufnahmen im Maßstab 1 : 10000—25000 ist nach Hammer (Landm. 1919, S. 38) der Größtwert im Höhenfehler:

$$\Delta H = \pm (0{,}8 + 15 \operatorname{tg} \alpha) \text{ Meter}$$

und der Größtwert im Lagefehler:

$$\Delta L = \pm (0{,}8 \operatorname{ctg} \alpha + 15) \text{ Meter.}$$

Böschung α	ΔH	ΔL
1° (1:57)	1,1 m	61 m
5° (1:11,4)	2,1	24
15° (1:3,7)	4,8	18
30° (1:1,7)	9,5	16
45° (1:1)	15,8	16

Diese Grenzfehler beziehen sich auf beliebige Punkte (nicht Meßpunkte). Die mittleren Fehler sind etwa ein Drittel oder weniger von diesen Fehlergrenzen.

§ 70. Meßbandbussolenzüge (für Waldaufnahme).

l = schräg gemessene Länge (20-m-Stahlband), α = Höhenwinkel (gemessen z. B. mit Freihandhöhenwinkelmesser bei Zielung in Augenhöhe. Horizontaldistanz $d = l \cos \alpha$; Höhenunterschied $h = l \sin \alpha$.

Die Reduktion der Meßbandlagen kann auch graphisch erfolgen. (Diagramm für $l \cos \alpha$.)

§ 71. Barometrische Höhenmessung.

Die barometrische Höhenformel in Jordans vereinfachter Form lautet:

$$\text{Höhenunterschied } h = K \log \frac{B}{b} (1 + \alpha T).$$

B = Barometerstand unten, b = Barometerstand oben, auf 0^0 reduziert ($B > b$). K = barometrische Konstante (für Mitteleuropa: 18464); α = Wärmeausdehnungszahl für Luft, rund 0,004; T = mittlere Lufttemperatur (Schleuderthermometer).

Die an Aneroidablesungen (A) anzubringenden Verbesserungen sind: 1. Stand-, 2. Temperatur-, 3. Teilungsverbesserung. Der auf 0^0 reduzierte Barometerstand ergibt sich danach aus:

$$B = A + a + b\,t + c\,(N - A).$$

Die Konstanten a, b, c ändern sich mit der Zeit und werden alljährlich (im Winter) exakt bestimmt, wobei das Instrument vor direkter Bestrahlung zu schützen ist. t = Innen- (Instrumenten-) Temperatur. Die Temperaturverbesserung ist bei vielen Instrumenten nicht linear und wird dann einem Diagramm entnommen. N = abgerundeter Normalstand des Barometers, auf den sich a bezieht (entweder mittlerer Luftdruck im Aufnahmegebiet oder 760 als abgerundeter mittlerer Luftdruck am Meere). Erschütterungen können namentlich a um einige Millimeter ändern.

Während der Beobachtungen trage man das Aneroid horizontal in Ablesehöhe, und zwar im Futteral, das mit Filz oder Papier ausgelegt sein soll. Direkte Sonnenbestrahlung ist zu verhindern (einseitige Erwärmung!). Die Messung gewinnt an Genauigkeit, wenn sie bei möglichst konstantem Luftdruck erfolgt. Am besten sind windstille Tage mit bedecktem Himmel; stürmische Tage sind ganz ungeeignet.

Vorzügliche Höhenmeßaneroide erzeugen: Naudet-Paris, Bohne-Berlin, Hottinger (früher Goldschmid) -Zürich.

I. Rechnung mit genäherten Seehöhen (begründet von Biot vor 100 Jahren). Für $B = 762$ mm als mittleren, auf 0° reduzierten Luftdruck am Meeresspiegel sind die Tafeln der „genäherten Seehöhen" (nach Hammer: „barometrischen Rechnungshöhen") aufgestellt. Für die untere Station ist die genäherte Seehöhe:

$$H_u = K(\log 762 - \log B)(1 + a\,T),$$

für die obere Station:

$$H_o = K(\log 762 - \log b)(1 + a\,T).$$

Aus den barometrischen Höhentafeln von Jordan-Hammer (Stuttgart, Metzler, 3. Aufl. 1917) entnimmt man für die mittlere Lufttemperatur $\frac{1}{2}(T_o + T_u)$ die Rechnungshöhen H_o und H_u und hat:

$$\text{Höhenunterschied } h = H_o - H_u.$$

Selbstverständlich müssen alle Instrumentenkorrektionen an den Ablesungen angebracht werden, bevor man die Tafeln gebraucht.

II. Rechnung nach barometrischen Höhenstufen (Verfahren nach Babinet, 1850). Die barometrischen Höhentafeln enthalten auch eine Differenzenspalte „Diff. für 1 mm", welche die „barometrischen Höhenstufen" ΔH gibt. Man entnimmt für den mittleren Barometerstand $\frac{1}{2}(B + b)$ und die mittlere Lufttemperatur die Differenz ΔH und erhält:

$$\text{Höhenunterschied } h = (B - b)\,\Delta H.$$

Die barometrische Höhenstufe ist vom Barometerstand abhängig und beträgt bei $T = 15°$ C:

$\Delta H =$	11,3	12,1	13,0	14,1	15,4	16,9 m
für Barometerstand =	750	700	650	600	550	500 mm

III. Bei der barometrischen Punkteinschaltung (dem Interpolationsverfahren) zwischen zwei gegebenen (Nivellement-) Festpunkten kann die Messung der Lufttemperatur entfallen; Stand- und Teilungskorrektion bleiben ohne Einfluß und bei kompensierten Aneroiden (Bohne), die direkt den auf 0° reduzierten Barometerstand geben, entfällt auch die Messung der Innentemperatur. Man rechnet die barometrische Höhenstufe aus

$$\Delta H = \frac{H_2 - H_1}{B_2 - B_1}$$

und multipliziert mit ΔH die Änderungen des Aneroidstandes auf dem Berg- und auf dem Talweg, woraus das Mittel genommen wird. (Ist nur ein Höhenfestpunkt gegeben, so kann man bei kleinerem Aufnahmegebiet in Schleifen abschließen.)

Bei sorgfältigster Arbeit und Einschränkung auf etwa 100 m Höhenunterschied ist das Interpolationsverfahren (gleichwie die anderen Verfahren) auf 1—2 m genau.

Die Begehung bei Aneroidmessungen ist andauernd im Gefälle oder andauernd in der Steigung auszuführen, so daß das Instrument zwischen zwei Festpunkten in gleichem Sinne tätig bleibt, entweder fortdauernd steigende oder fortdauernd fallende Zeigerbewegung.

Für generelle Eisenbahnvorarbeiten reichen oft Schichtenkarten 1 : 25000 vollständig hin. In kupiertem und bewaldetem Gelände, für das nur Lagepläne 1 : 2500, 1 : 5000 oder 1 : 10000 ohne Höhenangaben bereit stehen, wird ein Netz von Höhenpunkten durch Nivellement festgelegt, derart, daß in Zeitpausen von $^1/_2$—1 Stunde das Aneroid an einem solchen Festpunkt abgelesen werden kann und daß Maximalhöhenunterschiede von 100—200 m vorkommen. Zur Messung der Luftdruckänderungen während der Arbeit dient ein Barograph, dessen Standort inmitten der aufzunehmenden Fläche so gewählt wird, daß die Entfernung des Feldaneroids höchstens 15 km wird; demgemäß ist, wenn nötig, der Standort des Barographen zu wechseln. Der Barograph ist entbehrlich, wenn das Höhenpunktnetz so dicht ist, daß man nach jeder halben Stunde mit dem Aneroid über einem Höhenfestpunkt steht (es kann dann gleichmäßiger Verlauf der Luftdruckschwankungen für die Zwischenzeit angenommen werden).

Eine zweckmäßige graphische Ermittlung der Höhen aus den Aneroidmessungen gibt Steinach an (Z. d. A. u. I. V. Hannover, 1881): Auf Millimeterpapier werden die Angaben des Feldaneroids unter Berücksichtigung der Temperaturkorrektion des Instruments aufgetragen. Dazu wird unter Benützung der Aufschreibungen des Barographen und der Ablesungen über den Höhenfestpunkten eine Horizontkurve („Standkurve") gezeichnet. So entsteht ein Aneroiddiagramm, aus dem man die Abstände der Diagrammpunkte von der Horizontkurve mit einem je nach der Lufttemperatur verschiedenen Papiermaßstab abliest, um die gesuchten Höhenunterschiede zu erhalten (vgl. Gelbcke, Eisenbahnvorarbeiten, München 1895).

Besonders sicher, einfach und bequem ist die Methode des Einschaltens zwischen zwei gegebene Höhenfestpunkte (in weniger als etwa 100—200 m Höhenabstand, da sonst die Temperaturänderung nicht ohne Einfluß bleibt).[1] Man verwendet diese Methode z. B. bei Steilhalden mit gegebener Situation (Weinberge, Waldparzellen). Im Gebirge und für stark hügeliges Gebiet mit Wald und wenig Situation kommen außer Bussolentachymetrie und Meßbandbussolenzügen auch Aneroidmeßbandzüge in Betracht.

§ 72. Tiefenschätzung durch freien Fall.

Fallhöhe $h = {}^1/_2\, g\, t^2 = 5\, t^2$.

g = Beschleunigung der Schwere (9,8 ≐ 10); t = Fallzeit in Sekunden (vom Loslassen eines Steines bis zu dessen Auffallen).

§ 73. Distanzschätzen nach dem Schalle.

Der Schall legt in einer Sekunde 337 m = 450ˣ (à ³/₄ m) zurück. Man beobachtet den Zeitunterschied in Sekunden, der z. B. vom beobachteten Auffallen eines Rammbärs bis zum Einlangen des Schalles vergeht oder den Zeitunterschied zwischen dem Aufflammen eines Gewehrfeuers bis zum eintreffenden Knall.

[1] Die Wärmeabnahme nach der Höhe ist im Winter geringer als im Sommer. Man muß im Winter durchschnittlich 220 m steigen, damit die Temperatur um 1° C sinkt, im Frühling 150 m, im Sommer 140 m, im Herbst 190 m, im Jahresmittel 170 m.

§ 74. Grundformeln zur Bildmessung (Photogrammetrie).

I. Einfache Bildmessung (Meßtischphotogrammetrie, Intersektionsmethode) mit vertikaler Bildebene. Gemessen: Längen der Grundlinien, Höhenlage der Basispunkte, Orientierungswinkel der Aufnahmerichtungen und Instrumentenhöhen J (Höhen der Bildhorizonte). Das photogrammetrische Achsenkreuz (Horizont und Hauptvertikale) und die Bildweite f sind die „perspektivischen Konstanten" des Instruments.

Bildweite ist der senkrechte Abstand des perspektivischen Zentrums (Objektivmittelpunktes) von der Bildebene (empfindlichen Schichte). Der Fußpunkt dieser Senkrechten auf der letzteren heißt Hauptpunkt (Augpunkt). Die Richtung der Bildweite gibt die Achse der Perspektive (Aufnahmsachse).

Hauptpunkt und Bildweite geben die „innere Orientierung" einer Aufnahme. Die zur Grundriß- und Höhendarstellung (Rekonstruktion) des aufgenommenen Objektes außer der inneren Orientierung noch erforderlichen Bestimmungsstücke bilden die „äußere Orientierung" (z. B. Länge der Standlinie, Richtung und Neigung der Aufnahmsachsen, usw.).

Hat ein Bildpunkt in bezug auf das Achsenkreuz die Koordinaten x und y, so folgt der Horizontal- bzw. Höhenwinkel rechnerisch aus:

$$\operatorname{tg} \alpha = \frac{x}{f} \quad \text{bzw.} \quad \operatorname{tg} \beta = \frac{y}{\sqrt{f^2 + x^2}} .$$

Die Rekonstruktion des Lageplans erfolgt meist graphisch, die Ermittlung der Relativhöhen in bezug auf den Instrumentenhorizont erfolgt meist rechnerisch (Rechenschieber) aus beiden Stationen:

$$h_1 = y_1 \frac{D_1}{d_1} \quad \text{und} \quad h_2 = y_2 \frac{D_2}{d_2} .$$

D und d werden aus dem Lageplan abgegriffen. D = Länge der Horizontalprojektion des Visierstrahles vom Zentrum der Perspektive bis zum Aufnahmepunkt; d = Teilstrecke vom Zentrum der Perspektive bis zum Schnittpunkt mit der Bildtrasse. y und d werden in Millimetern eingesetzt, D und h in Metern.

Für alle Aufnahmepunkte einer Station ist $h_2 - h_1 =$ konst. als Kontrolle.

Die Seehöhe H eines Punktes ergibt sich aus:

$$H = H_1 + J_1 + h_1 = H_2 + J_2 + h_2 .$$

Die Genauigkeit eines aus der einfachen Meßbildaufnahme entwickelten Lageplanes wächst mit der Größe der Bildweite und ist bei scharfer Punktidentifizierung ungefähr gleich jener einer Meßtischaufnahme: Genauigkeit der Winkelbestimmung rund 2′. Beim Aufsuchen zusammengehöriger Punkte können Fehler von 2—3′ leicht vorkommen.

II. Raumbildmessung (Stereophotogrammetrie).

Die Aufnahmeachsen sind zueinander parallel; zwei zusammengehörige Aufnahmen bilden ein Paar Stereoskopbilder mit der Augendistanz gleich dem Abstand der Aufnahmeachsen (Standlinie).

Grundformeln für den Normalfall (Platten in einer Ebene bis auf 10″ genau):

$$X = \frac{B}{p} \cdot x_1 ,$$

$$Y = A = \frac{B}{p} \cdot f ,$$

$$Z = h = \frac{B}{p} \cdot y_1 .$$

X = Abszisse des Raumpunktes $\mathfrak{P}$ (gezählt von der linken Station weg in Richtung der Basis); Y = Tiefe (Abstand, Entfernung); Z = Höhe des Raumpunktes über dem Hauptpunkt der linken Station. x_1 = Abszisse, y_1 = Ordinate des Bildpunktes $\mathfrak{p}$ auf der linken Platte; f = Bildweite (Objektivbrennweite). Basis B kann im allgemeinen mit ungefähr $^1/_{10}$ der mittleren Entfernung des Aufnahmefeldes angenommen werden. Der Parallelismus der Aufnahmeachsen ist bis auf 10″ einzuhalten. x_1, y_1 und stereoskopische Parallaxe $p = x_1 - x_2$ werden am Pulfrichschen Stereokomparator bis auf 0,001 mm abgelesen. Zur Ausmessung werden Glasnegative benützt; die Herstellung von Diapositiven ist anzuraten, um einen Ersatz bei etwaigem Verlust der Platten zu haben. Die Winkelmessung gelingt nach Finsterwalder leicht auf 0,5′.

Die Grundlage aller photogrammetrischen Aufnahmen bilden Kleintriangulierungen (in Verbindung mit trigonometrischen Punktbestimmungen, namentlich Rückwärtseinschneiden) oder Polygonzüge (womöglich geschlossene).

Für die Bildaufnahme sind möglichst hohe Standpunkte zu wählen (Einblick von oben!).

Als Punktsignale für Nahaufnahmen genügen Stangen oder Fahnen, für größere Entfernungen bewähren sich Stangensignale mit aufgesetzter Pyramide oder diagonal gestelltem Würfel aus weißem Stoff, allenfalls Steinmandl, für Fernaufnahmen Pyramiden.

Die Stereoaufnahmen müssen kurz hintereinander erfolgen, um Beleuchtungsänderungen auszuweichen, die die Raumwirkung im Stereoskop beeinträchtigen. Das Trocknen der Platten erfolgt auf Holzrost unter Luftzug in wagrechter Lage, weil bei lotrechter Lage die Schicht nach der Abtropfstelle leicht sackt und Bildverzerrungen erhält.

Zur Ausarbeitung stereophotogrammetrischer Aufnahmen mittels des Orelschen Stereoautographen (Autogrammetrie) hat das Carl Zeiss-Werk die „Internationale Stereographik“ eingerichtet mit der Zentrale in Jena und verschiedenen Zweiganstalten (Stereographik Wien, VIII., Langeg. 61, München Technische Hochschule [Gruber], Flums in der Schweiz, Rom, Paris, Madrid usw.).

§ 75. Absteckungen.

I. Hauptpunkte für Kreisbogen. Gegeben zwei Tangenten und Halbmesser r. Gemessen Schnittwinkel der Tangenten (φ) im Winkelpunkt W. Dann ist

$$\text{Zentriwinkel } \gamma = 180 - \varphi ,$$
$$\text{Tangentenlängen } A\,W = E\,W = r \operatorname{tg} \frac{\gamma}{2} \cdot$$

A = Bogenanfang, E = Bogenende. Sodann berechnet man Scheitel S und die Scheiteltangente.

$$\text{Scheitelpunkt } S\colon\ x_S = r \sin \frac{\gamma}{2}; \quad y_S = 2\,r \sin^2 \frac{\gamma}{4} \cdot$$

$$\text{Scheitelabstand } W\,S = r\left(\sec \frac{\gamma}{2} - 1\right) \cdot$$

Man rechnet bis auf Millimeter, um die Zentimeter für die Absteckung sicher zu haben.

II. Übergangskurve.

$$\text{Kubische Parabel: } y = \frac{x^3}{6\,r\,l} \cdot$$

r = Halbmesser des anschließenden Kreisbogens, l = Abszissenlänge des Übergangsbogens (Sarrazin und Oberbeck empfehlen für Hauptbahnen bei $r = 600$—3000 m: $l = 20$ m, bei $r = 300$—600 m: $l = \frac{12000}{r}$ und für Nebenbahnen stets $l = 20$ m).

Für $x = l$ folgt Endordinate $b = \frac{l^2}{6\,r} \cdot$

Länge der Subtangente im Endpunkte $= \frac{l}{3} \cdot$

Absteckungsvorgang: Rechne die Hauptpunkte A und E mit Halbmesser $r + \frac{b}{4}$, trage von A (bzw. E) aus beiderseits $\frac{l}{2}$ auf, womit der Anfangspunkt der Übergangskurve und der Fußpunkt der Endordinate b abgesteckt sind. Setze Endordinate b ab und stecke in dem so erhaltenen Endpunkt der Übergangskurve die

Tangente ab. Der Scheitel des anschließenden Kreisbogens liegt um $\frac{b}{4}$ innerhalb des ursprünglichen Kreisbogens mit dem Halbmesser $r + \frac{b}{4}$.

III. Kleinpunkte des Kreisbogens.

1a) Nach rechtwinkligen Koordinaten von der Tangente mit gleicher Bogenlänge.

Man nimmt $\alpha = \frac{r}{2s}$ und hat:

$$x_1 = r \sin \alpha; \qquad y_1 = 2r \sin^2 \frac{\alpha}{2};$$

$$x_2 = r \sin 2\alpha; \quad y_2 = 2r \sin^2 2 \frac{\alpha}{2}\ ; \text{ usw.}$$

Die Zwischentangente für einen Kleinpunkt p ist gegeben durch Punkt p und den Schnittpunkt s dieser Tangente mit der Haupttangente. Dieser Schnittpunkt s wird von Bogenanfang A aus abgesteckt mit

$$\overline{As} = r \operatorname{tg} \tau; \quad \operatorname{tg} \tau = \frac{y_s}{x_s}.$$

1b. Nach rechtwinkligen Koordinaten von der Tangente mit gleicher Abszissenlänge.

$$y = r - \sqrt{r^2 - x^2} = r - \sqrt{(r + x)(r - x)}$$

oder

$$y = \frac{1}{2} \frac{x^2}{r} + \frac{1}{8} \frac{x^4}{r^3} + \ldots$$

Genähert:

$$x_1 = 1\, x_1; \quad y_1 = \frac{1}{2} \frac{x_1^2}{r} = 1^2 y_1,$$

$$x_2 = 2\, x_1; \quad y_2 = \qquad \cdot = 2^2 y_1 \text{ usw.}$$

2a) Durch Einrücken auf Tangenten.

Zwei Punkte werden nach Koordinaten (Methode 1a) aufgetragen; dann wird die Tangente für den zweiten

Punkt abgesteckt, indem vom Fußpunkt der ersten Ordinate das Stück $y_1 \operatorname{tg} \alpha$ in Richtung der Abszisse abgetragen wird. Für jede auf solche Weise erhaltene neue Tangente wiederholt sich der Vorgang.

2b) Durch Einrücken auf Sehnen.

Für Punktabstand (Sehnenlänge) s und Zentriwinkel α, wobei

$$\sin \frac{\alpha}{2} = \frac{s}{2r},$$

wird ein Punkt nach Koordinaten von der Tangente aus bestimmt:

$$x_1 = s \cos \frac{\alpha}{2} \quad \text{und} \quad y_1 = s \sin \frac{\alpha}{2} \cdot$$

Die Verbindung dieses Punktes mit Bogenanfang A gibt die erste Sehne, auf welche die Koordinaten des zweiten Kleinpunktes bezogen werden, mit:

$$x = s \cos \alpha \quad \text{und} \quad y = s \sin \alpha .$$

Die Verlängerung der zweiten Sehne gibt bei Auftragung von x und y den dritten Punkt usw.

3a) Nach gleichen Peripheriewinkeln $\frac{\alpha}{2}$ von Hauptpunkten aus (Polarmethode) (ausgeführt mit Stativinstrument).

Das Instrument steht z. B. in Hauptpunkt A. Für die Sehnenlänge

$$s = 2r \sin \alpha$$

ist Winkel $\left(\frac{\alpha}{2}\right)$ von der Tangente weg abzustecken, wodurch die erste Sehnenrichtung erhalten ist, in welcher die Strecke s aufgetragen wird. Die Fernrohrvisur wird von Punkt zu Punkt um $\frac{\alpha}{2}$ geändert und der in ihr liegende Kleinpunkt durch Einweisen des Endpunktes der vom vorhergehenden Kleinpunkt gemessenen Sehne s erhalten (s = z. B. Stahlbandlänge).

3b) Nach gleichen Peripheriewinkeln ω mit wanderndem Instrument.

Man sucht mit Freihandwinkelabstecker (Prismentrommel Decher[1]) die Kleinpunkte unmittelbar auf (Arbeit ähnlich jener mit Winkelspiegel). Die Schenkel der über dem gleichen Bogen aufstehenden Peripheriewinkel ω laufen durch Bogenanfang A und Bogenende E. Die Messung von $\omega = 90 + \frac{\varphi}{2}$ bzw. Einstellung des Instruments auf ω geschieht in A oder E (Winkel zwischen Sehne und Tangente).

IV. Bogenabsteckungstafeln.

Sarrazin und Oberbeck, Taschenbuch 37. Aufl. Berlin, Springer, 1921. Kröhnke, Handbuch 15. Aufl., Leipzig, Teubner, 1911. Knoll-Weitbrecht, Taschenbuch 3. Aufl., Leipzig, Kröner, 1911. Hanhart und Waldner, Trassierungshandbuch 3. Aufl., Berlin, Ernst & Sohn, 1909. Pernt, Tafeln zum Abstecken von Kreis- und Übergangsbogen durch Polarkoordinaten, Leipzig-Wien, Hartleben, 1903.

§ 76. Leitsätze für Aufnahmen und Beobachtungen.

1. Vom Großen ins Kleine arbeiten.

2. Wähle die Punktmarkierung im Hinblick auf die jeweils erforderliche Feinheit und Dauerhaftigkeit und sorge für gute Topographien zur leichten Wiederauffindung der Punkte (Photographien bei Haupt- und wichtigen Grenzpunkten).

Pflöcke und Eisenrohre sind in der Regel bis zur Bodengleiche einzutreiben. Das Vorschlageisen oder der

[1] Lieferanten: Reinfelder & Hertel-München, E. Sprenger-Berlin.

beschuhte Vorpflock muß größere Länge und größeren Durchmesser als der Pflock haben.

3. Das Maß der Genauigkeit richtet sich nach dem Zweck der Arbeit. Übertriebene Genauigkeit widerspricht der Forderung wirtschaftlicher Arbeit.

4. Man beobachte nach einem bestimmten, gut überlegten Schema, das man sich im Beobachtungsbuch vorschreibt.

5. Keine Messung und Rechnung ohne Sicherung oder Kontrolle.

6. Die Beobachtungen (Längenmessungen, Winkelmessungen, Nivellements) gelingen im allgemeinen um so besser, je rascher sie gemacht werden, ohne ins Flüchtige zu geraten.

7. Mache alle Beobachtungen möglichst unbefangen, „drücke" nirgends.

8. Beim Einstellen von Meßschrauben vermeide man das Wechseln des Drehungssinnes, um den Einfluß eines toten Ganges auszuschließen.

9. Zwei Messungsergebnisse, die vortrefflich übereinstimmen, können nichtsdestoweniger vom wahren Werte viel mehr abweichen als zwei andere Messungsergebnisse, die weniger gut übereinstimmen.

10. Die Messungen werden durch regellose Häufung von Meßproben nicht entsprechend gestützt oder verschärft, man messe vielmehr nur ausgewählte Bestimmungsstücke, die die fragliche Größe besonders sicher ergeben, gut und scharf.

11. Setzt man bei gleich genauen Beobachtungen den mittleren Fehler einer Beobachtung $m = 1$, so ist der mittlere Fehler des arithmetischen Mittels $M = \frac{m}{\sqrt{n}}$ bei:

$n = 1$	2	4	10	20	51	100
$M = 1$	0,71	0,50	0,32	0,22	0,14	0,10

Für gewöhnliche praktische Bedürfnisse erscheint es rationell, nicht mehr als 10 oder 11 Beobachtungen auszuführen.

12. Die Aufschreibungen müssen so klar und deutlich sein, daß sie jeder andere Sachverständige benützen kann. Hat der Ingenieur eine Schreibkraft, so hat diese die Angaben beim Schreiben zu wiederholen. Felddaten werden in der Regel in Bleistift, Rechnungsergebnisse (zu Hause) in Tinte oder wasserfestem Tusch niedergeschrieben. Tintenstift ist, wegen Fleckenbildung bei Regen, zu vermeiden. Im allgemeinen soll nicht radiert werden: Unrichtiges ist zu streichen und das Richtige darüber zu schreiben.

13. Um das Beobachtungsbuch bei etwaigem Verlust zurückzuerhalten, trage man Namen und Wohnung des Eigentümers nebst entsprechenden Finderlohn auf der ersten Seite ein.

14. Als Datum der Planausfertigung ist das Datum der Feldaufnahme anzusetzen, weil in der Zwischenzeit wichtige Änderungen vorkommen können.

15. Für Arbeiten der täglichen Praxis sind jene Instrumente vorzuziehen, die möglichst wenig Justierschräubchen haben, weil sie geringeren Veränderungen infolge „Wanderns der Schräubchen" ausgesetzt sind („Konstanz der Instrumente").

16. Im Felde justiere man nur, wenn unbedingt nötig und dann besonders vorsichtig. (Es kommt vor, daß die Spindel eines Stahlschräubchens abspringt.) — Besonders wichtig bleibt das Tilgen (Eliminieren) der Instrumentalfehler durch das Beobachtungsverfahren.

§ 77. Günstigste Beobachtungszeit.

I. Bei Triangulierung 1. Ordnung (mit Sichten von 60 km und mehr) mißt man die Winkel nur zu jener

Tageszeit, wo die Bilder möglichst ruhig sind: d. i. am Spätnachmittag. (Diese günstige Zeit umfaßt gewöhnlich nur ungefähr zwei Stunden.) Ausnahmsweise eignen sich die frühesten Morgenstunden (namentlich für Zielpunkte im tiefen Westen).

Winkelmessungen für Triangulierungen 4. Ordnung können meist den ganzen Tag über vorgenommen werden, besonders bei bedecktem Himmel.

Im allgemeinen ist der Herbst die günstigste Jahreszeit. Besonders günstige atmosphärische Verhältnisse herrschen bei Nachtbeobachtungen (mit Leuchtsignalen).

II. Für Feinnivellements 1. Ordnung eignen sich im Hinblick auf Luftzittern (Luftvibration) in der Regel nur die Morgen- und späteren Nachmittagstunden.

Im allgemeinen läßt sich an windstillen Tagen mit bedecktem Himmel, jedoch befriedigender Helligkeit, bei reiner Luft und mittlerer Temperatur am besten und längsten arbeiten.

Im Gebirge arbeitet man zu Zeiten, wo durch Bergeshöhen die direkte Sonnenstrahlung abgehalten ist, besonders gut und angenehm.

Bei Sonnenschein und hoher Temperatur ist die Strahlenbrechung sehr wandelbar. (Geländeverhältnisse, namentlich auch stillstehendes Wasser in oder neben der Nivellierlinie, Bodenausdünstung, Rückstrahlung, z. B. von Schotterbett und Schienen beim Nivellieren auf dem Bahnkörper, haben großen Einfluß.) Je wärmer und unruhiger die Luft, desto kürzer sind die Zielweiten zu wählen, allenfalls ist die Arbeit einzustellen. In Tunnels und beim Übergang von Damm auf Einschnitt nimmt man nur kurze Zielweiten, weil die Strahlenbrechung leicht abnorm wird. Bei Unterführungen stellt man inmitten das Instrument auf, ebenso bei kurzen Tunnels.

III. Beim Höhenwinkelmessen (trigonometrischem Höhenmessen) ist der Einfluß der Refraktion besonders zu beachten. Die Strahlenbrechung ist am stärksten zur Zeit des Sonnenauf- und -unterganges, am kleinsten etwas nach Mittag. Zu Mittag sind aber die Bilder infolge starker Lufterhitzung meist unruhig. Deshalb sind zu Höhenwinkelmessungen im Sommer etwa die Stunden von 9—11 und 4—6 Uhr am geeignetsten.

IV. Für optische Längenmessung gilt das gleiche wie für Nivellements. Visuren nahe dem Erdboden sind bei nicht ganz ruhigen Bildern zu meiden.

V. Längenmessung mit Stahlband ist bei bedecktem Himmel und Windstille besonders gut durchführbar; natürlich auch bei Nacht (Amerika).

§ 78. Behandlung von Instrumenten und Geräten und Beseitigen von Mängeln.

(Mit besonderer Berücksichtigung eigener Erfahrungen.)

Aufbewahrung nur in trockenen Räumlichkeiten. Ist über den Winter der Zutritt feuchter Luft nicht zu vermeiden, dann ist dickes Einfetten der Kreisteilungen, Stahlschrauben, Stahlbänder vorteilhaft. Federungen (wie die Spiralfeder zur Herzschraube am Stativ) dürfen nicht in Spannung belassen bleiben. Auch beim Mikrometerwerk soll außer Gebrauch die Feder in geringster Spannung sein.

Die meisten Beschädigungen geschehen beim Einpacken. Deshalb beschaue man vor dem Ausheben des Instruments aus dem Kasten die Art der Lagerung; Merkzeichen über Lage von Okular und Feinstellschrauben sind namentlich bei seltener gebrauchten Instrumenten wichtig. Der Kastenschlüssel bleibt während der Feldarbeit mit entsprechend langem Bindfaden an den Tragring gebunden (keinesfalls lose im Schlüsselloch).

Bei sehr feuchtem Wetter sind Instrumente mit Spinnfäden wegen Schlaffwerden derselben nicht zu verwenden.

Zur Vermeidung ungleicher Abnützung sind die Dreifußschrauben nach ihrer ganzen Länge zu benützen.

Teilungen auf Metall (Silberstreifen) sind trocken zu halten, mit den Händen (auch beim Ein- und Auspacken) nicht zu berühren. Vor dem Einpacken reinige die Teilung: Beseitige Staub mit Pinsel, Regentropfen durch Abtupfen mit weichem Leinen oder wiederholt gewaschenem Rehleder oder Fließpapier. Längenmaßstäbe sind nach Einlegen ins Kästchen mit trockenem Rehlederlappen abzureiben. Putzen der Teilkreise mit weichem Leinen oder Rehleder und Benzin oder Petroleum, bei starkem (altem) Schmutz mit Rehlederlappen und feinstem Holzkohlenstaub (Lindenkohle). Das Wischen auf Teilungen nur senkrecht zu den Strichen und nach Beseitigung jedweden Staubkorns mit Pinsel.

Nach Breithaupt soll man die Teilungen auf Silber nicht mit Leder reinigen, weil ein störender Glanz zu befürchten sei; vielmehr wird empfohlen, zur Reinigung der Teilungen einen mit Speichel angefeuchteten Finger zu benützen und hernach mit trockenem Finger abzureiben.

Anlaufen der Gläser: Beseitigung durch Putzen mit weichem Leinen, allenfalls unter Befeuchtung mit Benzin, Petroleum oder Alkohol (Spiritus).

Schweres Drehen in Achsen: Reinigung und Trockenreiben von Achse und Büchse, bzw. der Lager und nachheriges Schmieren der Achse mit frischem Uhrmacheröl.

Verschmutzte Schraubengewinde sind mit feinem Holzspatel, der mit Leinen umwickelt ist, oder mit Zahnbürste und Benzin zu reinigen und sodann einzuölen.

Rostige Eisenteile (wie Stahlbänder) sind mit Tuchlappen und Petroleum (allenfalls feinstem Schmirgelpapier) abzureiben, dann einzuölen bzw. einzufetten.

Um das Rosten möglichst zu vermeiden, sind die Stahlmeßbänder nach dem Gebrauche schon im Felde mit Stroh oder einem Lappen abzuwischen, zu Hause trocken zu reiben und schließlich mit einem eingeölten Lappen zu überfahren, so daß sie sich stets etwas fett anfühlen.

Beim Aufwickeln von Invarbändern oder -drähten auf Aluminium- oder Eisentrommeln ist zwischen Trommel und Invar etwas Spielraum zu lassen, um beim Steigen der Temperatur Spannungsänderungen im Invar zu vermeiden, weil sie Längenänderungen bewirken können.

Fluchtstäbe, Meßstangen und Meßlatten dürfen nicht monatelang einzeln schräg an die Wand angelehnt bleiben, wegen Gefahr bleibender Durchbiegung. Man bindet mehrere zusammen oder lagert sie noch besser in luftigen, trockenen Magazinen auf trockenem Holzboden über Querhölzern. Feinere Meßlatten (z. B. mit Schneiden) kommen in Holzkisten. Manche lassen Fluchtstäbe einzeln vertikal herunterhängen, indem das obere Ende mit Bindfaden an einem Haken befestigt ist.

Bussolen sind für längere Zeit mit frei schwingender Nadel aufzubewahren, damit diese ihre Richtkraft nicht verliert.

Stativschuhe, Fluchtstabspitzen und Beschläge an Meßlatten müssen auch bei andauernd trockenem Wetter festsitzen. Neues Verkitten am besten mit Miniumkitt (Minium mit Firnis dickflüssig angemacht, besser als Glaserkitt, bröckelt nicht, hält sich auch in Nässe und läßt das Eisen nicht rosten). Manchmal nimmt man Leinwandfleck mit Leim und verschraubt neu.

Bei stark in Anspruch genommenen Instrumenten empfiehlt es sich, sie jährlich einmal vom Mechaniker reinigen zu lassen. Mit der Reinigung und Ausbesserung sollen nur mechanische Werkstätten, nicht etwa Handelsgeschäfte optischer Artikel betraut werden.

Die Nivellier- und Meßlatten sind auch bei Unterbrechung der Feldarbeit in einem luftigen Magazin, nicht in geheiztem Zimmer, aufzubewahren.

Der Transport einzelner größerer Instrumente auf der Eisenbahn oder auf Wagen (und zwar nur Federwagen) erfolgt in gepolsterten Überkisten, die seitliche Handhaben (Tragringe) besitzen. Bei größerem Transport werden mehrere Instrumente in aufrechter Lage in eine nicht zu große, mit Handhaben versehene Kiste zwischen Stroh, zusammengeballtem Papier und Holzwolle gebettet. Alle Kisten erhalten den Vermerk: „Vorsicht", „Nicht stürzen".

Für Ferntransport empfiehlt es sich, die Klemmen am Instrument nicht nur anzuziehen, sondern auch festzubinden, denn sie können sich lockern und schließlich herausfallen. Breithaupt empfiehlt Vollstopfen des Instrumentenkastens mit weichem Zeitungspapier.

Einzelne Instrumente werden vom Ingenieur, event. von einem verläßlichen Gehilfen, ins Wagenabteil (als Handgepäck) mitgenommen. Zur Schonung des Stativkopfes dient eine mit Riemen festgebundene Lederschutzkappe.

Im Felde werden kleinere Instrumentenkästen an einem breiten Traggurt seitlich auf der Schulter getragen, größere an zwei breiten Traggurten oder Tragriemen auf dem Rücken. Nur die letztere Art bewährt sich auch im Hochgebirge. Den Schlüssel zum Instrumentenkästchen soll stets nur der Ingenieur bei sich tragen.

Der Transport von Absteckstäben und Meßlatten erfolgt in Bundform, meist mit Papierverpackung oder in leichten Kisten. Eine einzelne Meßlatte wird mit Beipacklatte versendet. Zusammenlegbare Nivellierlatten sind für den Transport besser geeignet als ineinanderschiebbare, bei welchen auch die Möglichkeit unbemerkter

Verstellung während der Arbeit als Mangel empfunden wird. Starre Stabhalter (Ständer) werden in mehreren Stücken mit durchgestecktem Prügel verbunden und so dem Transport übergeben.

Die bei der Punktmarkierung mit Rötel erübrigenden Abfälle werden zerstoßen, durch Wasserzusatz zu Schlamm verarbeitet, in Prismenform gegossen und sodann getrocknet.

Instrumente, die zur See verschickt werden, werden hermetisch in Blechkästen verschlossen und versiegelt.

Reparaturen werden am besten im Spätherbst und Winter veranlaßt, wo auch die Werkstätten weniger in Anspruch genommen sind.

Namen- und Sachregister.